Federico Wellmann V.

Diccionario técnico de minería, metalurgia, geología y geotecnia

Federico Wellmann V.

Diccionario técnico de minería, metalurgia, geología y geotecnia

Mina Chuquicamata Subterránea

Editorial Académica Española

Imprint
Any brand names and product names mentioned in this book are subject to trademark, brand or patent protection and are trademarks or registered trademarks of their respective holders. The use of brand names, product names, common names, trade names, product descriptions etc. even without a particular marking in this work is in no way to be construed to mean that such names may be regarded as unrestricted in respect of trademark and brand protection legislation and could thus be used by anyone.

Cover image: www.ingimage.com

Publisher:
Editorial Académica Española
is a trademark of
International Book Market Service Ltd., member of OmniScriptum Publishing Group
17 Meldrum Street, Beau Bassin 71504, Mauritius

Printed at: see last page
ISBN: 978-620-0-38961-9

Índice

Diccionario técnico de minería, metalurgia, geología y geotecnia

INTRODUCCIÓN

Este diccionario técnico, inglés - español, contiene palabras y frases útiles que han sido seleccionadas cuidadosamente para las futuras generaciones de ingenieros civiles de mina, de la UTALCA, Campus Curicó.

El diccionario incluye también una selección práctica de términos utilizados para aquellos profesionales que están estudiando en dicha carrera y que aproximadamente, en cuatro o cinco años en adelante, requerirán de esta ayuda en las operaciones, ingeniería y otras especialidades de minería, metalurgia, geología y geotecnia. El nivel del idioma inglés será, al menos, semi avanzado, para tener un buen desempeño en los campos antes mencionado.

Además de proporcionar una opción de traducciones para una importante cantidad de términos, se dan las definiciones en idioma español para aquellos que se consideran esenciales, requieren más explicación o de otra manera que sean útiles. Al final de las palabras se ha agregado un Anexo, con algunos softwares utilizados en planificación minera, procesos metalúrgicos y análisis geotécnico y geomecánico.

Con el objetivo de asegurar que nada de importancia ha faltado, los índices de varios manuales fueron utilizados, así como una lista de comprobación. Por último, cuatro diccionarios técnicos fueron examinados para garantizar la integridad y la exactitud, y a la vez para proporcionar símiles útiles.

AUTOR

Federico Wellmann V., es un ingeniero civil de minas de la Universidad de Chile con 43 años de experiencia, quien ha trabajado en operaciones mineras subterráneas, en todo tipo de proyectos mineros, en diferentes especialidades de la ingeniería de minas y en docencia, tanto en la UTALCA y UAC.

RECONOCIMIENTOS

El ingeniero señor Matías Escobar de Departamento de Ciencias de la Computación, de UTALCA, arregló los aspectos de formateo y presentación del diccionario técnico.

Durante un año y recientemente, muchas otras personas me ayudaron, amablemente en este proyecto.

A continuación se mencionan algunos de ellos:

Colegas de Escuela de Minas de UTALCA, Campus Curicó: Manuel Reyes, Mauricio Jara, Lina Uribe, Amin Hekmatnejad, Francisco Rivas y Carlos Moraga.

Ingenieros civiles de mina de la Universidad de Chile, quienes conocen bastante de softwares de minería y procesos: Guillermo Olivares y Guillermo Uribe.

Ingeniero civil de minas de la Universidad de Chile, sr. Manuel Rapimán C, quien tiene una gran experiencia en geomecánica y estabilidad de taludes en rajo abierto.

El ingeniero sr. Raúl Duarte (Q.E.P.D), quien por muchos años recopiló palabras utilizadas en minería, especialmente de mina El Teniente.

Los traductores: María Isabel Sillano y Jorge Pérez Rojas, quienes ayudan con traducción simultánea en las reuniones del board de Codelco Chile.

En especial al ingeniero Jack de la Vergne, quien emitió un primer diccionario sobre términos de minería y petróleo, en el año 2012.

Palabras que comienzan con determinada letra

Con a

abandoned workings (sectors): labores mineras abandonadas.

abandoned level: nivel abandonado.

abrasión test: ensayo de desgaste por rozamiento.

abrasivity: abrasividad, capacidad de una roca para desgastar las brocas (aceros) de perforación.

absolute pressure: presión absoluta del aire.

absorption column: torre de absorción.

abstract: resumen, sumario.

abutment stress: esfuerzo inducido, esfuerzo in situ afectado por los trabajos mineros.

access ramp: rampa de acceso, socavón.

accidents prevention: prevención de accidentes.

accumulated average grade: ley promedio acumulada.

accurracy: exactitud, precisión.

acid mine drainage: drenaje ácido de mina.

acid plant: planta de ácido.

acidity: acidez.

acme rolled thread: rosca gruesa acmé.

acoustic impulse: impulso acústico.

adapter: adaptador.

adsorption: adsorción, de un reactivo en la superficie de un mineral.

advanced undercutting: variante con hundimiento avanzado del método panel caving. En éste se construyen sólo algunos desarrollos y construcciones, antes de iniciar el hundimiento.

variant advanced undercutting to the limit: variante con hundimiento avanzado al límite. En este caso se desarrollan la mayoría de los desarrollos de los niveles, antes de iniciar el hundimiento, pero no se conectan las galerías de zanja a las calles o galerías de extracción.

additive: aditivo

adit: túnel de ventilación con pendiente negativa hacia la superficie, para permitir el escurrimiento del agua hacia afuera de la mina.

advance: avance de una excavación (túnel).

advance per shift: avance por turno de trabajo.

advance per round: avance por ciclo de perforación/tronadura, con TBM o rozadora.

advance rate: avance medio por turno, por día, etc.

aereal photographic mapping: fotocartografía

aerial photographic survey: prospección fotográfica aérea.

autogenous grinding (AG): molienda autógena o molino autógeno.

agglomerate: aglomerado, bolitas de mineral.

agglomeration: aglomeración.

agglomerator drum: tambor aglomerador.

agitation leach: lixiviación por agitación.

air blast: golpe o soplo de aire.

air drill: perforadora neumática (jack leg - stoper).

air duct: conducto de ventilación.

air hose: manguera para aire comprimido.

air - line oiler: aceitador que sirve para engrasar con aire comprimido en máquinas y equipos neumáticos (pato).

airborne particulate matter: macro partículas en suspensión en el aire.

airway: galería de ventilación.

Alimak raise climber: plataforma Alimak, donde van dos mineros con máquina stoper, para perforar y cargar explosivos. Esta se desliza hacia arriba y abajo a través de una guiadera que se va sujetando a la pared de la chimenea.

alkaline: alcalino (pH).

alteration: alteración, cualquier cambio en la composición mineralógica de una roca, debido a procesos físicos o químicos, como acción de soluciones hidrotermales o debido a aguas superficiales infiltradas en esta.

alternate way out: ruta alternativa de salida.

ammonium nitrate: nitrato de amonio.

ammonium nitrate fuel oil (ANFO). Mezcla de nitrato de amonio y petróleo combustible, utilizada como agente explosivo.

andesite: andesita, roca extrusiva de color oscuro de grano fino y de composición intermedia. En mina El Teniente los geólogos la llaman CMET (Complejo Máfico El Teniente).

ancillaries drill holes: tiros o perforaciones auxiliares de un diagrama de perforación.

angle of internal friction: ángulo de fricción interno, es una propiedad de los materiales granulares el cual tiene una interpretación física sencilla, al estar relacionado con el ángulo de reposo.

angle of repose: ángulo de reposo, talud natural, máximo ángulo de talud en el que los materiales sueltos tales como tierras o rocas fragmentadas permanecen estables.

anhydrite: anhidrita (yeso).

anisotropic: anisotrópico, cuando un material varía sus propiedades como elasticidad, esfuerzo, conductividad, velocidad de propagación de la luz, etc., de acuerdo a la dirección en que son examinadas.

anisotropy: anisotropía, variación de las propiedades en distintas direcciones.

anchor bolt: perno de anclaje usado en construcción y minería.

anode slime: es un concentrado de metales preciosos generado durante la refinación electrolítica realizada para fabricar cátodos de cobre con 99,99 % de pureza.

anode slime treatment plant: planta de tratamiento de barros anódicos.

anomalous: anómalo, irregular.

anomaly: anomalía, una característica distinguible local en un levantamiento geofísico.

anticline: anticlinal, es un pliegue en el cual las capas de la parte interior son más antiguas que las capas externas.

anular space: espacio anular, en perforaciones y sondajes, el espacio entre la columna de perforación y la pared del sondeo o tubería de revestimiento.

ápex: ápice.

apparent dip: buzamiento aparente, ángulo de buzamiento que presentan las capas o estructuras en perfiles geológicos que no son perpendiculares a las mismas.

apparent volume: volumen aparente, volumen de una masa dada de suelo, incluyendo los sólidos y espacio (poros) entre ellos.

apron feeder: alimentador vibratorio de bandeja con rieles.

aquifer: acuífero, capa aurífera, capa freática, manto freático, una formación geológica permeable que es capaz de almacenar y transportar agua subterránea de un lugar a otro.

archic action: efecto arco.

array: arreglos, sistema ordenado de geófonos, cuyos datos los recibe un receptor central.

artificial intelligence: inteligencia artificial.

ash content: contenido de ceniza.

ashflow: flujo de ceniza piroclástica.

assay: ensayo.

assay furnace: horno de ensayo.

assayer: ensayador.

atacamite: atacamita, mineral oxidado de cobre con gran presencia en el desierto de Atacama $Cu_2Cl(OH)_3$.

attrition: desgaste.

auger bit: barrena de cuchara, cuchara taladora, broca para barrenar terreno blando.

automated underground haulage system: sistema de transporte automatizado.

automation: automatización, aparato, proceso o sistema, que puede operar automáticamente.

autonomous trucks: camiones autónomos de rajo abierto.

auxiliaries drill holes: tiros o perforaciones auxiliares.

auxiliary shaft: pique auxiliar, pique inclinado de menor sección que los de traspaso y colectores, utilizado como vía de acceso uniendo un nivel con otro en lugares alejados de los piques principales y rampas, está habilitado con escaleras colocadas en forma alternada y plataforma de descanso.

availability: porcentaje de tiempo en que un equipo está disponible para operar y realizar la función, para la que está diseñado, en relación al tiempo total.

azimuth: azimut, orientación en plano horizontal; norte=0°, este=90°, sur: 180° y oeste=270°.

azurite: azurita $(Cu_3(OH)_2(CO_3)_2$

Con b

back: techo, parte superior de la sección de un túnel.

backanalysis: análisis retrospectivo con el fin de averiguar si es posible proyectar o desechar, cierta actividad o comportamiento pasado en algún proyecto o evento que actualmente está ocurriendo.

backfill: relleno posterior a una labor o caserón previamente excavada.

backbreak: sobre quiebre en banco.

backfill rammer: apisonador de relleno.

backhoe: retroexcavadora.

backhole: perforación de techo.

backslope: talud exterior.

bad ground: terreno inadecuado, malo.

bag duct: conducto de tela plástica (ventilación).

ball mil: molino de bolas.

ballast: balasto, lastre, para uso de un ferrocarril.

banding: bandeamiento, pandeo.

bar down: acuñar, desquinchar.

barren rock: estéril, roca económicamente sin valor.

barren solvent: orgánico estéril.

barrel: barril o caja que sirve como complemento del equipo de sondaje donde se deposita la muestra obtenida a medida que avanza la perforación.

barrier pillar: pilar de seguridad.

basalt: basalto, es una roca ígnea volcánica de color oscuro, de composición máfica, rica en silicatos de magnesio, en hierro y sílice.

base charge: carga de fondo con explosivos.

base metal: metal como el cobre, cinc, plomo, hierro, etc.

batch flotation: flotación no continua, a nivel laboratorio.

batholith: roca ígnea intrusiva de grandes dimensiones o plutón discordante.

batter: ángulo de banco/desplome.

bearing: rumbo, azimut.

bed: estrato.

bedding plate: plano de estratificación.

belt conveyor: correa transportadora.

bench face: frente del banco.

bending: flexión.

bending momento: momento de flexión.

blast damage transition (BDT): transición de daño por tronadura.

block cave fragmentation (BCF): fragmentación en block caving.

bench: banco, bancada, cada uno de los escalones en que usualmente se realizan las labores de excavación de canteras y rajo abierto.

bench and fill stoping (Avoca mining): método de explotación subterráneo, variante del cut and fill stoping. Esta variante del método se aplica en cuerpos de geometría vertical o casi vertical de dimensiones suficientes y una competencia de la roca que permitan la explotación del cuerpo por medio de banqueo.

bench blasting: banqueo con explosivos.

bench height: altura de banco.

bench width: anchura de bancos.

benching: banqueo, excavación en bancos.

benching down: profundización en bancos, sistema de perforación hacia abajo, mediante perforación de bancos sucesivos.

benchmark studies: estudios de casos, programas formales que comparan las prácticas y resultados de desempeño con los que realizan operaciones similares.

bending moment: momento de flexión.

beneficiation, processing: beneficio, procesamiento.

berm: berma, la cara superior del banco en cantera o en un rajo abierto.

berm ditch: contracuneta.

buttress: relleno de talud para sostener alguna inestabilidad o posterior a una inestabilidad, para generar los anchos suficientes para continuar explotando.

Bieniawski's RMR classification: clasificación de macizo rocoso de Bieniawski (RMR), 1973.

big blasting: tronadura grande, polvorazo.

big data: es un término que describe el gran volumen de datos, tanto estructurados como no estructurados, que inundan los negocios cada día.

big - hole burn cut: rainura con barreno largo.

big - hole drilling: perforación de tiros largos.

big boulder: colpa o planchón grande.

big or great mining: gran minería, es aquella donde laboran entre 3.500 hasta 4.000 trabajadores por día y que produce mineral de cobre hasta 3.000.000 ton o 550.000 ton de cobre fino al año.

bin: tolva, silo.

bioleaching, bacterial leaching: biolixiviación, lixiviación con bacterias.

biotite: biotita.

bird cage: cable metálico con efecto jaula.

bit: broca de barrena, punta de perforación.

bit grinder: rectificadora de barrenas.

bit knocker: soltador de broca.

bit wear: desgaste de la broca.

Blake crusher: chancador Blake, un tipo de chancador de mandíbulas.

blast: tronadura, disparo.

blastability index: índice de fragmentabilidad.

blast damage: daño por tronadura.

blast furnace: horno de fundición.

blast - furnace slag: escoria de alto horno.

blast hole drilling: perforación de tiros.

blasthole stoping: minería por perforación de tiros largos. Los barrenos son perforados con los equipos DTH (martillo dentro del hoyo).

blaster: disparador, cargador de tiros.

blasting: tronadura, disparo, quemada.

blasting agents: agentes de tronadura, productos explosivos que necesitan de otro explosivo, generalmente dinamita, para detonar confiablemente.

blasting cap: fulminante, cápsula detonante.

blasting pattern: diagrama de tronadura.

blasting sequence; secuencia de encendido de tronadura.

blasting slurries: lodos explosivos, explosivos plásticos de gran resistencia.

bleed: purga, descarte, sangría.

blend ore: combinar minerales.

blending: mezcla, término utilizado en ore control (control de mineral) para lograr una ley adecuada, en el diseño de operación de una planta de procesamiento de minerales.

blind orebody: cuerpo mineral ciego.

Blind hole: equipo para hacer chimeneas ciegas, con diámetro de 0,75 m y 1,5 m, especial para hacer chimeneas piloto zanja en método panel caving.

blister copper: cobre blíster o ánodo de cobre.

block: bloque, unidad de explotación del sistema de hundimiento progresivo de bloques, materializado en un paralelepípedo, con una base desde 50m x 60m hasta 100 x 100 metros.

block caving: método de explotación por hundimiento de bloques, socavación y derrumbe, especial para yacimientos masivos y mineral secundario.

block flow: flujo de bloque.

block height: altura de bloque.

block model: modelo de bloques, donde cada bloque contiene información diversa (tipo de roca, contenido mineral, densidad, etc.).

blocked steel sets: marcos metálicos acuñados contra las cajas de un túnel o galería.

blockhole: cachorro, hoyo de poca profundidad en una colpa, para realizar tronadura secundaria.

blocking, blockiness: bloqueo, entibado, piezas y cuñas de madera, hormigón, etc., los cuales se colocan entre un revestimiento y la pared rocosa de un túnel para transferir los esfuerzos sobre el revestimiento.

blocky ground: roca fragmentada en bloques, separadas por junturas.

blow: golpe, impacto.

blow blast: tiro soplado.

blow pipe: soplador de aire comprimido.

blower: soplador, ver ventilador.

blown hole: tiro soplado.

blowing ventilation: ventilación de inyección.

board: junta directiva, directorio.

body harness: arnés de seguridad.

bog (to): hacer la marina. Véase muck (to).

boltcutter: cortador de pernos.

bolt - mesh - shotcrete: perno - malla - shotcrete.

bolter: jumbo apernador o empernador.

bolting: bulonaje, empernado.

Bond work index (BWI): número de Bond, índice de trabajo.

bonanza: bonanza.

Bond's law: ley de Bond. El grado de ruptura de un material durante la reducción de tamaño puede ser expresado en función de la relación de Reducción (R.R.) Wi = La energía total (kW-h/ton alimentación) que se necesita para reducir una alimentación muy grande hasta un tamaño tal que el 80 % del producto pase a través de un tamiz de 100 μm.

boom: brazo mecánico de algún equipo perforador.

boom tractor: tractor grúa.

booster: detonador auxiliar de alto poder explosivo.

booster fan: ventilador secundario o reforzador.

bore: perforación, taladro.

bore (to): sondear, perforar.

borehole: perforación de mayor diámetro.

bore hole hoisting: izaje por la chimenea.

borehole logging: registro en sondeos.

boring: perforación grande.

bornite: bornita, mineral sulfurado de cobre (Cu_5FeS_4).

borrow pit: cantera de empréstito.

bottom charge: carga de fondo.

bottom hole / lifter: tiro zapatera, tiro de piso.

boulder: colpa, bolón, fragmento de roca de gran tamaño.

boundary: pilar del límite, pilar de protección.

boundary element method (BEM): método de elemento de contorno.

boundary surface: superficie de contorno.

bouyancy / floatability: flotabilidad.

box hole: tipo de máquina perforadora de chimeneas.

boxcut: tiro de corte.

boxwork: estructuras remanentes que indican la presencia de sulfuros que fueron meteorizados. Por lo general, están rellenos de limonitas o con relictos de ellas producto de la alteración de pirita.

brace: boca o collar.

breakage: ruptura, fractura.

break angle: ángulo de quiebre, ángulo formado en la superficie al producirse la cavidad (cráter) como consecuencia de la explotación en forma subterránea. Cada roca en particular posee su propio ángulo.

breakeven análisis: análisis de equilibrio.

breakage function: función ruptura, en modelamiento de conminución.

breakage rate: velocidad de fractura.

breccia: brecha, roca con fragmentos angulosos y matriz fina.

breccia pipe: chimenea de brecha. Ej. Brecha Pipe en yacimiento El Teniente.

brecciated rock: roca brechizada.

bring (to) to surface: subir a superficie.

brisance: poder rompedor de explosivo, potencia explosiva.

brittle: quebradizo, el debilitamiento quebradizo ocurre cuando la capacidad de la roca para resistir una carga disminuye mientras la deformación aumenta.

brittle failure: tipo de rotura que se produce cuando la capacidad resistente de una roca decrece bruscamente en el momento de la rotura.

brittleness: fragilidad, tendencia a romperse por percusión.

brownfield: emplazamiento de una mina cerca de otra mina ya en existencia.

Brunton compass: brújula Brunton utilizada en geología y minería para medir rumbo y manteo de estructuras geológicas.

buffer blast: tronadura amortiguada en última fila.

bubble: burbuja.

bubble size distribution: distribución de tamaño de burbujas.

bubble surface area flux: flujo areal superficial de burbujas.

bucket: cucharón, balde de LHD o cargador frontal.

build up: enllampamiento, llampo de roca fina que obstruye un pique de mineral secundario.

bulk concentrate: concentrado a granel con valor comercial.

bulk density: densidad aparente.

bulking factor: factor de esponjamiento.

bulk flotation: flotación colectiva.

bulk mining: minería masiva.

bulk sample: muestra masiva.

bulking agent: aditivo de explosivos.

bump: evento sísmico en mina.

burden: espacio de talud, burden, es la mínima distancia de un tiro o de una parada de tiros hacia la cara libre.

burn cut: corte o rainura de hoyos paralelos.

burst: estallido.

burst prone ground: terreno propenso a sufrir estallido de roca.

button bit: broca de botones.

bypass: desvío, desviación.

Con c

cable bolt: pernos cable. Va anclado a la roca por medio de un sistema mecánico.

cable - bolt jumbo - cable jumbo: jumbo especial para apernado con cable.

cage: jaula, camarín.

cage hoist: enjaular.

cage under: jaula suspendida por debajo del skip (cucharón de extracción).

cake: torta, queque de filtración.

camelback: volteo de un carro Granby.

canopy: casquete de protección en la parte superior de un LHD.

cap: detonador, fulminante.

cap lamp: lámpara minera.

capacity: capacidad de un equipo (LHD, camión, cargador frontal, etc.).

capacity constraints: limitaciones de capacidad.

Capex (capital expenditure): gastos de capital (inversión).

carbon dioxide: dióxido de carbono (CO_2).

carbon monoxide: monóxido de carbono (CO).

car dumper: vaciador de carros, basculador de carros.

car puller: arrastrador de carros.

carrilano: encargado del tendido y atención - las líneas del ferrocarril.

carrier: chasis de equipo de perforación.

cartridged emulsion: emulsión explosiva encartuchada.

case study: estudio de caso sobre un tema específico de minería, metalurgia, geología, etc.

cash flow: flujo de caja.

casing pipe: tubería de revestimiento, serie de tubos que se colocan en la perforación mientras esta progresa.

casino: casino de mina o planta.

catastrophic fault: falla catastrófica.

cathode copper: cátodo de cobre, cobre electrolítico.

caved área: área hundida.

cavability: hundibilidad, capacidad de hundimiento.

cave front: frente de hundimiento.

cave propagation: propagación del hundimiento.

caveback, nose, crown: nariz, hundimiento en retroceso.

caved área: área hundida.

cave, caving propagation: propagación del hundimiento hacia arriba.

caving: hundimiento.

caving rate: velocidad de hundimiento. Se mide en mm por día, a la cual se propaga el caving hacia arriba.

closed circuit ventilation (CCV): circuito cerrado de ventilación.

cement copper: cobre de cementación.

cement grout: lechada de cemento.

cemented hydraulic fill: relleno hidráulico cementado.

cemented plug: tapón de inyecciones o cementación.

central control room: puesto central de control.

centralized traffic control: mando de tráfico centralizado.

chain conveyor, panzer: transportador de cadenas.

chain feeder: alimentador de cadenas.

chain ladder: escalera de cadenas.

chalcocite: calcosina (Cu_2S).

chalcopyrite: calcopirita, el más común de los minerales sulfurados de cobre ($CuFeS_2$).

cherry picking: pirquineo, explotación desordenada de una mina, privilegiando las zonas más privilegiadas.

chillean mill: trapiche, para moler y lavar oro fino.

chimney (pipe): conducto sensiblemente tubular por el que los productos volcánicos alcanzan la superficie. Caso conocido, la brecha Braden de El Teniente.

chips: lajas, lascas.

chrysocolla: crisocola ($(\underline{Cu,Al})_4\underline{H}_4\,(\underline{OH})_8\,\underline{Si}_4\underline{O}_{10}\cdot nH_2O$). Oxidado de cobre, pertenece a la clase de los silicatos según la clasificación de Strunz y Dana.

chute: buzón, instalación subterránea en el fondo de un pique de traspaso, el cual sirve para cargar el material extraído, hasta los carros, camiones o correas.

chute bar: barreta o herramienta metálica de mayor peso que la barretilla para acuñadura.

chute hang - up: bloqueo de colgadura.

claim mine: concesión minera.

claim (to) monument: reclamar monumento, mojón.

clarifier: clarificador, aclarador.

classification function: función clasificación, en modelamiento en chancado.

clay: arcilla, suelo detrítico de tamaño menor a cuatro micrones.

cleaner cells: celdas de limpieza.

clearance: gálibo, espacio libre (en túneles).

clear water sump: sumidero de agua dulce.

clearance: espacio suficiente para el paso libre.

cleavage: esquistosidad o clivaje.

clinker: caliza fundida para fabricación del cemento.

close timbering: entibado o marco de madera adosado.

closed - circuit grinding: molienda en circuito cerrado.

closure / closed out: cierre.

coal cutter: socavadora de carbón.

coal dust: polvo de carbón.

coal field: yacimiento carbonífero.

coal mine: mina de carbón.

coal seam: manto de carbón.

coarse agregate: árido grueso.

coarse ore: mineral grueso.

coarse ore stockpile: pila de acopio.

code of signals: código de señales.

cohesive strength: resistencia de cohesión.

collapse: hundimiento, colapso de galerías.

collar: punto de inicio de un barreno o sondeo.

collar house: caseta de bocamina.

collector: colector, reactivo de flotación que fomenta la hidrofobicidad de la partícula.

columnar flotation: flotación columnar.

commodities: bienes básicos que se destinan para uso comercial, y que tienen como característica más relevante, que no cuentan con ningún valor agregado y se encuentran sin procesar. Ej. cobre.

compartment: compartimiento.

compass: brújula.

compass bearing: rumbo magnético.

competent rock or ground: roca competente.

compressive, compression strength: resistencia a la compresión.

compressive stress: esfuerzo de compresión.

compressed air: aire comprimido.

concentrate: concentrado.

conceptual mine layout: diseño básico de la mina.

concession: concesión, derecho para la extracción y/o el reconocimiento del mineral dentro de un área limitada.

concrete: concreto.

concrete shaft lining: revestimiento de concreto de un pique.

cone blasting: voladura cónica, uso de explosivo APD (alto poder detonante), para quebrar grandes bolones sin perforar.

cone classifier: clasificador cónico

cone crusher: chancador de cono.

conglomerate: conglomerado, roca sedimentaria con clastos redondeados o subredondeados.

conical: cono de decantación.

continuos miner: minador continuo, especialmente para minas de carbón y en rocas relativamente blandas.

continuos loading: carguío continuo.

contour lines: representación de curvas de nivel, elevación, cota.

contour holes: tiros de contorno en un diagrama de disparo.

contract out, outsourcing: tercerización.

controlled blasting: tronadura controlada.

conventional undercutting: variante de hundimiento convencional del método panel caving. En este caso se desarrollan la mayoría de los desarrollos y construcciones en los diferentes niveles del método, antes de iniciar el hundimiento.

convergence: convergencia en labores, movimiento de aproximación entre cajas o entre piso y techo de una labor minera.

conveyor: máquina transportadora.

copper minerals: minerales de cobre que pueden ser sulfurados u oxidados.

core: testigo.

core barrel: corta testigo.

core box: caja de testigos.

core disking: testigo de roca ya roto en forma de discos.

core drilling: perforación con extracción de testigo.

core logging: registro de testigos.

core recovery: recuperación de testigos.

core sample: muestra de testigo.

country rock: roca de caja.

covellite: covelina (CuS).

crack: grieta, fisura.

creep: deslizamiento, reptación.

creeping: deslizamiento o inestabilidad reptante en banco.

crest: coronamiento, cresta.

crimp: entramado.

crinkle cut, narrow inclined undercutting: socavación inclinada baja (caso especial del proyecto Nuevo Nivel Mina, en mina El Teniente).

crystal form: hábito, tendencia de los animales a presentarse bajo una determinada forma geométrica.

cross bit: broca de filo en cruz.

crosscut: galería transversal.

crosstie: durmiente.

crown: corona.

crown pillar: pilar corona, pilar de seguridad entre dos niveles o sub niveles.

coefficient of rock strength (CRS): índice de dureza de la roca.

crusher room: cámara de chancado.

crushing plant: planta de chancado.

cumulative probability distribution: distribución de probabilidad acumulativa.

cut: corte, cuele, cuña.

cut and fill: método de explotación de corte y relleno. Se explota por tajadas y a medida que se va extrayendo el mineral se rellena con algún tipo de relleno (lechada de cemento, relave, etc.).

cut holes: barrenos de corte o de cuña.

cut - off grade: ley de corte.

cut slope: talud explotado.

cutter bit: fresa cortadora.

cutterhead: cabezal cortador.

cuttings: detritus obtenidos en la perforación de aire reverso.

cyanidation: cianuración, antiguo método para la extracción de oro.

cycle time: tiempo de ciclo (LHD, camión, etc.).

cyclone overflow: rebalse, sobre tamaño de ciclones.

cyclone underflow: salida inferior del ciclón.

Con d

dacite: dacita, roca ígnea extrusiva de composición intermedia y textura afanítica o porfídica.

daily consumption: consumo diario.

daylight wedge: cuña aflorante.

damper: aparato para regulación de la ventilación.

day box: polvorín diurno.

daylight: salir a superficie desde una mina subterránea.

dead air: aire inmóvil.

dead end: galería sin ventilación.

deads: estéril.

decking: taco intermedio.

deckman: operador de boca de pique.

decline: rampa descendente.

deep learning: aprendizaje profundo es un conjunto de algoritmos de aprendizaje automático que intenta modelar abstracciones de alto nivel en datos usando arquitecturas computacionales que admiten transformaciones no lineales múltiples e iterativas de datos expresados en forma matricial o tensorial.

definition drilling: sondeos cortos para localizar el yacimiento con más precisión.

definition exploration: exploración para definir un yacimiento.

deformation: deformación, alteración de la forma de un cuerpo causado por la presión o algún esfuerzo.

delay: retardo, tiempos de retardo.

delay blasting: tronadura con retardos.

delay timing: tiempos de retardo.

delay sequence: secuencia de retardo.

deposit: acumulación anómala de alguna sustancia natural. Puede ser un depósito mineral, de carbón, de agua, fósiles entre otros.

depressors: depresores: reactivos de formulación compleja que se agrega a la pulpa de mineral (mezcla de mineral molido y agua).

derail (to): desrielar.

derailment: descarrilamiento.

desliming: supresión de limos.

destress blasting: tronadura para relajamiento de esfuerzos.

destressing: alivio de esfuerzos.

detonating cord: cordón detonante.

detonation velocity: velocidad de detonación (VOD).

detonation wave, shock wave: onda de explosión, la cual causa ondas de presión en los alrededores donde se produce.

detonator: detonador, fulminante detonador, detonador de explosivos.

development: desarrollo de galerías o túneles, mediante perforación/tronadura, cualquiera sea su dirección, tamaño y forma de su sección.

development miner: minero de desarrollo.

development of stopes: desarrollo de caserones.

dewatering: desagüe, drenaje.

diamond: diamante.

diamond dril bit: broca de diamantes.

diamond drilling: perforación de diamantina.

diamond mine: mina de diamantes.

diamond shaped mesh: malla de gallinero.

diesel electric haul truck: camión a propulsión diésel eléctrica.

diesel locomotive: locomotora diésel.

digital elevation model (DEM): modelo de elevación digital, término usado en fotogeología o geomática.

digging: excavar.

dig test pit: calicata.

dilation: dilatación.

dilution: dilución, mezcla de mineral con roca estéril y talus (material de superficie).

Dilution entry point (DEP): punto de entrada de dilución, según ábaco de Laubscher.

dimension stone: roca dimensionable.

dynamic explosive weakening (DDE): debilitamiento dinámico con explosivo, es otra tecnología de preacondicionamiento con explosivo.

diorite: diorita, roca ígnea plutónica de composición intermedia.

dip: buzamiento, ángulo de manteo.

directional drilling: perforación de control.

dirty - water sump: sumidero de aguas residuales.

discontinuity: discontinuidad como diaclasa, filón, grieta, falla, etc.

discrete loading: carguío discreto.

disk cutter: cortador de disco.

dispatch: despacho, nuevo destino o asignación.

dispatch, routing and scheduling: despacho, recorrido y programación.

dispatch system: sistema de despacho.

dispatcher: despachador.

displacement: desplazamiento.

ditch: zanja o canal de desagüe.

diversion tunnel: túnel de desvío.

dolomite: dolomita, mineral constituido por carbonato de calcio y magnesio, principal componente de la dolomía. $(CaMg(CO_3)_2)$.

dome: domo, estructura geológica protuberante.

dore bar: barra de metal doré.

double bench: banco doble

double deck cage: jaula de dos pisos.

double - drum hoist: huinche de dos tambores.

double jack: combo, maza.

double - toggle jaw crusher: chancador doble eje.

downcast: hacia abajo (ventilación).

downstream: construcción aguas abajo.

down the hole (DTH): perforación en el fondo.

dozer: empujador, es un equipo que podría reemplazar al operador para la operación de carguío en un punto de extracción de panel caving. Actualmente en prueba, como parte de la minería continua.

drag coefficient: coeficiente de resistencia aerodinámica (ventilación).

drainage: drenaje.

drainage tunnel: túnel de drenaje.

draw: extracción, tiraje.

draw rate: velocidad de extracción. Se mide en toneladas al día por turno.

drawbell: zanja, batea, punto de extracción de panel caving.

draw column: columna de tiraje.

drawpoint: punto de extracción.

drawpoint control: control de tiraje.

drawpoint spacing - drawpoint configuration: malla de extracción para los métodos de hundimiento.

dredge: draga, dragadora.

dredge: dragado.

dressing: preparación mecánica.

drift: galería en paralelo a una veta, filón, manto o capa.

drift heading: galería por la cabecera.

drifter: jackleg, perforadora para desarrollo horizontal de galerías pequeñas.

drifting: excavación de galerías o túneles.

drill (to): perforar, sondear.

drill and blast: perforación y tronadura.

drill basket: canasta porta barrenas.

drill bit: broca de perforación.

drill chuck: porta broca.

drill core: testigo de perforación.

drill cuttings: detritos de perforación.

drill footage per shift: rendimiento de perforación por turno.

drill hole: tiro, perforación, sondeo.

drill jumbo o jumbo: jumbo, equipo mecanizado de perforación.

drill pattern: diagrama de perforación.

drill rig: torre de perforación.

drill rod: barra de perforación.

drill runner: perforista.

drill steel: barras de perforación.

drill string: tren de barrenos.

driller: perforista.

drilling platform: plataforma de perforación.

drive: avance, labor.

driving method: método de desarrollo.

drop raise: chimenea en bajada.

dry - mix shotcrete: shotcrete con mezcla seca.

DTH drilling: perforación con martillo en el fondo.

dump (to): descargar, vaciar.

dump: acopio o pila acopiada.

dumper: camión de mina subterránea.

dump chute: buzón de descarga.

dump leaching: lixiviación en botadero.

dumping point: punto de vaciado, brocal fortificado donde se descarga el mineral con palas LHD.

dump truck: camión de volteo.

dwydag bolt: perno helicoidal.

dyke: dique, intrusión de roca ígnea tabular.

dynamite: dinamita.

dynamite cartridge, dynamite stick: cartucho de dinamita.

Con e

ear muffs: audífonos.

ear plugs: tapones.

earthquake, tremor: terremoto, sismo.

easement: servidumbre de paso.

easer hole: barreno de alivio.

edge: borde de banco.

effective size (d80): tamaño efectivo.

efficient: de buen rendimiento.

elastic deformation: deformación elástica.

elastic instability: inestabilidad elástica.

elasticity: elasticidad.

electric fulminant: fulminante eléctrico, este tipo de detonadores están constituidos, por una cápsula metálica de cobre o aluminio cerrada por un extremo, encontrándose en su interior un inflamador, un explosivo iniciador o primario y un explosivo base o secundario. Más usados el N° 6 y el N° 8.

electrolytic refining: refinación electrolítica.

electronic detonation technology: tecnología electrónica del detonador.

electrowinning (EW): electro - obtención.

emerald: esmeralda, mineral precioso.

emulsion: emulsión explosiva.

end - dump minecar: carro basculante con descarga hacia atrás.

end winding - house: casa de huinches.

enlargement: desquinche de una galería o pique.

entry (access): acceso, labor minera que comunica el cuerpo mineralizado con la superficie.

entry point dilution (EPD): punto de entrada de dilución. Véase dilución.

EPBM tunnel boarer: máquina tuneladora, máquina TBM con escudo que mantiene estable la zona de excavación.

epicenter, epicentre: epicentro (sismo).

epigenetic deposit: yacimiento epigenético.

epithermal deposit: yacimiento epitermal.

epoxy resin: resina epóxica.

equipment: equipo.

equipping deck: piso de montaje.

equipping stage: plataforma colgante para montaje en el pique o chimenea.

equipment fleet: flota de equipo.

equivalent footage: avance equivalente.

escape manway (wood or steel): escalera de madera o acero.

escape route: vía de escape.

evaluation: evaluación.

event (seismic event): evento sísmico.

excavator: retroexcavador.

exhaust air: aire viciado.

exhaust raise; chimenea de extracción de aire.

exhaust shaft: pique de extracción de aire.

exothermic reaction: reacción exotérmica.

expansión bolt: perno de expansión.

exploder: detonador.

exploration drift: galería de exploración.

exploration drill hole: sondaje de exploración.

exploration drive: galería de exploración.

exploration phase: fase de exploración.

explosives magazine, magazine: polvorín.

explosives return drawer: cajón de devolución explosivos.

extensión steel: barreno de extensión.

extensometer: extensómetro, instrumento para la detección de pequeños movimientos de las paredes de galería en una mina subterránea.

extractive industry: industria extractiva.

extraction angle: ángulo de extracción o tiraje, es el ángulo dado a un bloque, mediante los sistemas controlados de tiraje.

extractive metallurgy: metalurgia extractiva.

extrusive rocks: rocas extrusivas, generalmente sinónimo de rocas volcánicas.

Con f

fabric: fábrica, el conjunto de factores estructurales y de ordenamiento interno de las rocas.

face: frente, frente de avance, zona de apertura de un túnel o galería.

face angle: ángulo cara de banco.

face of the heading: el frente de avance de una galería.

failsafe: protección contra fallas, sin fallas.

failsafe device: mecanismo de seguridad.

failure: derrumbe, falla, zona de falla.

fairlead: guía de entrada.

fall of ground: desplome, derrumbe, colapso.

fall protection: protección contra las caídas.

false post: poste falso, mono falso.

false set: marco provisional, marco adicional.

fault: falla geológica, plano de rotura de los estratos rocosos.

fault plane: plano de falla.

fault zone: zona fallada.

faulty ground: roca diaclasada.

feasibility study: estudio de factibilidad, abarca el aspecto técnico, el financiero y el ambiental para continuar una concesión minera o proyecto minero.

feature: discontinuidad.

feldspar: feldespato, grupo de minerales silicatados que forman las rocas más importantes de la corteza terrestre.

ferrous: ferroso.

fiber reinforced crete: concreto reforzado con fibras.

fibercement: concreto con fibras.

fibercrete: shotcrete con fibras.

fiberglass bolt: bulón de fibra de vidrio, perno de fibra de vidrio.

fiberglass duct: conducto fibra de vidrio.

field party: brigada de campo.

filtration and drying: cuando el concentrado sale de los espesadores, contiene entre un 50 y 12% de humedad.

fill: relleno, material que se instala dentro de una labor previamente excavada.

fill raise: chimenea de relleno.

filling factor: factor de llenado.

final pit: volumen de extracción que representa la envolvente de mayor valor económico de un yacimiento a ser explotado a rajo abierto.

fine gold: oro refinado, producto de refinación.

fineness: grado de pureza.

fines: finos, material inferior a 60 micrones.

finger raise: dedos de chimenea (en sistema long raise de traspaso en método block caving en mina El Teniente).

firedamp: incendio por grisú (mezcla de metano y aire).

fire pump: bomba de incendios.

fire regulations: normativa sobre incendios.

fire - resistant conveyor belt: cinta transportadora resistente al fuego.

fire - aids: primeros auxilios.

fishplate: eclisa, reborde de acoplamiento.

fissured rock: roca fisurada.

Fixed lead: programa de producción de Whittle, fija el número de bancos de una fase en explotación para pasar a la próxima fase.

flash smelting furnace: horno flash.

flat car: carro plano de ferrocarril, vagón plano.

flat rope: cable cinta.

flat slope: talud tendido.

flatly bedded: poco manteado.

flattened strand: torones achatados.

fleet angle: ángulo de desviación.

float: mineral desprendido de un filón (veta).

floor heave: levantamiento de piso.

flopgate: basculadora de desviación.

flotation: flotación, proceso de separación mineral para partículas finas en suspensión acuosa, donde las partículas se fijan en burbujas de aire y se elevan para formar una espuma.

flotation cells: celdas de flotación.

flotation kinetic: cinética de flotación.

flotation rate constant: constante cinética de flotación.

flotation reagents: reactivos de flotación.

flourspar: espato fluor, fluorita, un mineral que se utiliza como fundente.

flower the mine: florear la mina, extraer sólo el mineral de buena ley.

fluvial: fluvial, un depósito producido por la acción de un río. Los geólogos tienden a utilizar la palabra fluvial para el producto de la acción del río, por ejemplo, arena fluvial.

fly ash: ceniza volante.

fly blast: tronadura con proyección de rocas.

flyrock: fragmentos de roca violentamente desprendidos de una tronadura. Especialmente esto ocurre en rajo abierto.

fold: pliegue, deformación producto resultante de la flexión o torsión de las rocas.

foliation: exfoliación, esquistosidad.

fool's gold (pyrite): pirita, sulfuro de hierro, cristaliza en sistema cúbico.

foot traffic in underground mine: tránsito de peatones en mina subterránea.

footprint: envolvente económica, lo que se considera extraíble.

footwall: muro o caja yacente, caja piso.

fracture: fractura, ruptura.

fracture frequency (FF): frecuencia de fractura, medida en la cantidad de fracturas naturales que presenta una roca. Se expresa en número de fracturas por metro lineal o por m^3.

fragmentation: fragmentación, grado de rotura producto de una tronadura en diversos tipos de roca, granulometría.

free face, open face: cara libre.

frequency index: índice de frecuencia de accidentes.

fresh air: aire puro, asociado a ventilación de una mina subterránea.

friction bolt (split set): perno de fricción que actúa por fricción.

frog: crucero línea o sapo de ferrocarril.

front caving: hundimiento frontal, es como un sublevel caving a un solo nivel, partiendo desde una cara libre.

frother: reactivo espumante que se agrega a la pulpa durante la flotación de minerales. El más conocido es el aceite de pino.

full - body harness: arnés de seguridad para cuerpo entero.

full - face advance: avance a frente completa. Ej. TBM.

force ventilation: ventilación forzada.

Con g

gabbro: gabro, roca plutónica de grano grueso.

gage: trocha o ancho de la vía para ferrocarriles.

galloway stage: andamio suspendido.

galvanized mesh: malla galvanizada.

gang, crew: cuadrilla.

gangue: ganga, estéril, mineral sin valor económico.

gas: gas metano, gas grisú.

gas holdup: contenido de aire en una celda de flotación.

gauge: trocha o ancho de la vía pata ferrocarriles.

general foreman: capataz general.

general superintendent: superintendente general.

genetic algorithms: es un algoritmo de una serie de pasos organizados que describe el proceso que se debe seguir, para dar solución a un problema específico.

geochemistry: geoquímica, rama de la geología que estudia la composición química y las reacciones que tienen o que han tenido lugar en el suelo y subsuelo.

geological resources: recursos geológicos.

geological simples: muestras geológicas.

geological strike: rumbo geológico.

geological survey: reconocimiento o prospección geológica.

geologist: geólogo.

geology: geología, parte de las ciencias naturales que estudia las características físicas de la tierra; su forma, constitución y origen.

geomagnetic surveying: levantamiento geomagnético.

geomechanical properties: propiedades geomecánicas.

geometallurgical: se refiere a la relación existente entre el comportamiento metalúrgico del mineral que es tratado en la planta de beneficio y las características geológicas que afectan dicho comportamiento.

geometallurgical modelling: modelamiento geometalúrgico.

geometallurgy: geometalurgia.

geomorphology: geomorfología, ciencia que tiene como objeto la descripción y la explicación del relieve terrestre.

geophone: geófono, instalado en la mina para detectar las ondas sísmicas.

geophisycal survey: prospección o exploración geofísica.

geophysicist: geofísico.

geophysics: geofísica.

geo - scientist: geocientífico.

geostatic: geostadístico.

geostatistical methods: técnicas geostadísticas.

geosyncline: geosinclinal.

geotermal: se refiere al calor en el interior de la tierra.

geotermal energy: energía geotermal.

geotermal gradient: valor del incremento de la temperatura con la profundidad en una mina subterránea. Varía entre 1° y 5° C por cada 100 metros de profundidad.

geotechnical considerations: consideraciones geotécnicas.

geotechnical study: estudio geotécnico, éste permite conocer el comportamiento de ciertas variables que observan cómo va a responder el terreno al ubicar sobre éste una determinada construcción.

giraffe: camión jirafa, canasta elevada motorizada.

glacier: glaciar, ventisquero.

glory hole mining: método de explotación especial, el cual es como una gran tolva de traspaso que nace en un rajo abierto hasta el nivel de transporte de un método subterráneo, que se localiza bajo el rajo.

gneiss: gneis, roca foliada formada en el metamorfismo regional.

gold: oro.

gold bearing: aurífero.

gold bullion: oro en lingote.

gold deposit: yacimiento aurífero.

gold field: conjunto de minas auríferas en la misma zona topográfica.

gold reef: filón tabular de cuarzo aurífero.

good ground: roca competente.

gossan: sombrero de hierro, presenta un aspecto más o menos alveolar y de colores amarillentos a pardo - rojizos.

gouge: salbanda, milonita de falla.

GPS dispatch: sistema de despacho GPS, conjunto de elementos tecnológicos que permiten monitorear en forma satelital y mejorar todo el movimiento de equipos mineros en la superficie de las faenas.

grab sample: muestra fortuita, muestra sin escoger.

grade: ley, la cantidad relativa o el porcentaje de contenido del metal en un yacimiento.

gradient: gradiente, plano generalmente horizontal o con una pequeña pendiente que resulta de hacer coincidir dos lienzas puestas en dos pares de clavos topográficos en las cajas de una galería. Actualmente, se utiliza un nivel topográfico para encontrarla.

granite: granito, generalmente cualquier roca plutónica totalmente cristalina, que tenga como minerales principalmente cuarzo.

granodiorite: granodiorita, roca plutónica de grano grueso de composición intermedia entre granito y diorita.

gravel pit: cantera de grava.

gravimetric survey: levantamiento gravimétrico, estudio gravimétrico.

gravimetrics: gravimetría, éste es un método muy importante en la búsqueda de depósitos minerales.

gravitational stress: esfuerzo vertical, esfuerzo gravitacional, esfuerzo hidrostático.

green field: campo verde, instalaciones o proyectos que se construirán desde cero; sin existir infraestructura.

grinding: molienda, proceso de fragmentación de las rocas.

grinding media: medios de molienda (bolas, barras).

grinding mill: molino.

grizzly: criba de barras, harnero.

ground: roca madre, roca de caja, terreno.

ground control: sostenimiento, control de terreno.

ground failure: derrumbe, la separación de una masa de tierra o de roca del lado de una excavación o de roca del techo subterráneo.

ground - mounted hoist: instalación terrestre del equipo de extracción.

ground stability: estabilidad de macizo rocoso o del terreno.

ground support: sostenimiento.

grout: lechada de cemento.

grout plug: tapón de inyecciones (cementación).

grouted rockbolt: perno lechado, perno grouteado.

grouting: inyecciones de cemento.

grouting packer: accesorio de inserción en barreno para inyección de lechada.

guide: montaje de guía.

guide rope: cable guía.

guide shoe: zapata de guía.

gyratory crusher: chancador giratorio.

Con h

hair ramp layout: rampa de horquilla.

half barrel: media caña.

hammer mill: molino de impacto.

hand held: manual.

handrail: pasamanos.

hang up, hanging: colgadura en una zanja de panel caving, en una tova, chute, lo cual impide el flujo normal del mineral.

hanging wall: pared superior o colgante de una veta o filón.

hard line duct: conducto metálico para ventilación.

hard metal: carburo de tungsteno.

hard rock: roca dura.

haul: acarrear, transportar.

haulage travel: nivel de transporte.

hauling: transporte.

haul road profile: perfil de la ruta.

haul truck: camión de transporte, dumper.

haulage drift: galería de transporte, galería de extracción.

HAZOP (hazard and operability): análisis de riesgo y operabilidad.

head grade: ley de cabeza.

header: cabezal, colector de tubos.

headframe: castillo, torre de extracción.

heading: labor, frente de excavación.

headsheave: polea a cable en lo alto del castillo.

headworks: brocal.

heap: pila.

heap leach pad: cancha de lixiviación.

heap leaching: lixiviación en pilas o montones.

heat balance: equilibrio de calor.

heave: levantamiento.

heavy - media separation: separación con medios pesados.

heavy ground: rocas muy incompetentes con tendencias a moverse a moverse al interior de la galería.

height of explosive column: altura de la columna explosiva.

help drills or shots: tiros de ayuda, tiros en un diagrama de perforación para aliviar el arranque de otros en un disparo. Pueden ser ayudas de corona, de descarga, de rainura o de zapatera.

hematite: hematita (Fe_2O_3).

heuristics: método para aumentar el conocimiento.

high detonation power: alto poder de detonación, véase APD de un explosivo, fabricado en forma de conos o encartuchados.

high explosives: potentes explosivos formulados fundamentalmente a base de nitroglicerina.

high grading: pirquineo, explotación de las zonas más enriquecidas, buscando maximizar la utilidad y minimizar el capital invertido a expensas de la vida útil del yacimiento minero.

high grade copper: cobre de alta pureza.

high wall: crestería, crestón.

hillside debris: escombro de falda, acumulación de material desintegrado, producto de la erosión de las rocas.

hoist: máquina de izaje, tomo de extracción, malacate.

hoist: izar, levantar, elevar.

hoist house: casa de huinches.

hoist room: cable izador, cable de izar.

hoisting: izada, izamiento.

hoisting machinery: maquinaria izadora.

hoisting out of balance: izaje desequilibrado.

hoisting speed: velocidad de izaje.

hoisting system: sistema de izamiento.

hoistman: huinchero.

hole deviation: desviación del pozo.

honey pot: orinal, inodoro portátil.

hopper, bin: tolva.

horizon: horizonte, superficie que constituye un nivel o plano indicativo de una posición determinada.

horseback: planchón.

horse clamp: abrazadera para manguera.

hose coupling: manguito para manguera.

hose whip: latigazo de manguera, salto de golpe peligroso de manguera desacoplada que es debido a flujo de aire comprimido. Muy peligroso lo que puede ocurrir con los booster, que son compresores que funcionan con presiones de 230 psi para los equipos DTH.

host rock: roca encajadora, roca huésped.

HSS beam: perfil tubular, viga tubular.

hydraulic core splitter: partidor hidráulico.

hydraulic fill: relleno hidráulico.

hydraulic fracturing: fracturamiento hidráulico.

hydraulic radius: radio hidráulico, es la razón entre el área y perímetro para iniciar el hundimiento de un cuerpo masivo.

hydro - fracturing: fisuración o fracturamiento hidráulico.

hydrophilic: hidrofílico, en flotación mucha afinidad con el agua.

hydrophobic: hidrofóbico, en flotación poca afinidad con el agua.

hydrostatic stress: esfuerzo hidrostático.

hydrocyclone: hidrociclón.

hydrothermal: es un adjetivo que se refiere a procesos, substancias y fenómenos naturales vinculados a agua caliente.

hydraulic shovel: pala hidráulica (de rajo).

Con i

idler tower: torre desviadora de cable.

igneous: ígneo.

igneous rock: roca ígnea.

impact crusher: chancador de impacto.

in situ ground stress: campo de esfuerzos in situ.

incline: acceso inclinado.

inclined shaft: pique inclinado.

inclinometer: inclinómetro.

incompetent: incompetente.

index mineral: mineral guía.

indicated resource: recurso indicado.

indicator element: elemento guía, elemento químico que generalmente aparece como trazas que se encuentra asociado a un tipo de mena específico, que es más fácil de detectar o de determinar que los elementos o minerales de mena. Ejemplo: S, Si, O, SiO_2, FeS_2, etc.

infrastructure: infraestructura, sector de una mina donde se ubican diferentes instalaciones, como los talleres de mantenimiento, piques principales, posta primeros auxilios, oficinas, casino, etc.

induced stress: esfuerzos inducidos, producidos por trabajos de minería.

industrial minerals: minerales industriales, minerales no metálicos.

inferred resource: recursos inferidos.

initial support: soporte o sostenimiento inicial.

in - line fan: ventilador alineado.

in - pit: descripción de un proceso que se lleva a cabo dentro de la propia cantera o rajo.

integral drill steel: barrena integral. Broca cuya cabeza o bit tiene placas o pastillas que están íntimamente ligadas a ella formando una sola pieza. Estas placas son de acero al tungsteno y diseñadas para producir el corte de la roca.

internal ramp (IRA): ángulo inter rampa.

internal shaft: pique ciego.

in the hole drilling: perforación con martillo en el extremo bajo del tren de barras de perforación (perforación en el fondo).

interior post mine: posta interior mina.

intrusion: intrusión, el proceso de emplazamiento de rocas fundidas (magma) en rocas preexistentes, también la roca ígnea así formada dentro de la roca circundante (roca caja).

intrusive: intrusivo, roca que penetra en formaciones ya existentes. Tipo de rocas formadas a partir del magma (masa de silicatos fundidos entre 600° C y 1200° C, presente en la parte inferior de la corteza y manto terrestres).

iron hat: gossan, sombrero de hierro.

IRMR (in situ rock mass rating): clasificación geomecánica del macizo rocoso. (Laubscher y Jakubec, 2000).

iron ore: mineral de hierro.

iron and steel industry: siderurgia, industria de hierro y acero.

iron pyrite: pirita de hierro, es un sulfuro de hierro (FeS_2).

Isatis: programa geostadístico Isatis.

isoclinal fold: pliegue isoclinal.

Isopach, isopachyte: isópaca.

ITH (in the hole) drilling: barrena ITH, perforación con martillo en el extremo bajo del tren de cañería de perforación. Véase DTH.

Con j

jack leg, jackleg drill: perforadora liviana, neumática, para avance horizontal en secciones inferiores a 3,0 x 3,0 metros.

jackhammer: martillo picador para reducir colpas o planchones sin explosivo.

jaw crusher: chancador o trituradora de mandíbulas. Reduce hasta 10".

jig: patrón de montaje para marcos.

jim crow: doblador de rieles.

joint: fractura natural donde no se ha producido deslizamiento, diaclasa.

joint roughness: rugosidad del plano de diaclasa.

joint set: sistema de fracturas sensiblemente paralelas.

joint spacing: separación entre planos de fractura.

jointed rock: roca fragmentada en bloques por efecto de las diaclasas.

jumbo: carro de perforadora, generalmente automatizados, utilizados en explotación subterránea, en que se controla rotación, percusión, barrido y avance.

jumbo driller: operador de jumbo.

junk: chatarra.

Jurassic period: periodo Jurásico.

jurisdictional dispute: conflicto de jurisdicción.

Con k

kaolin: caolín, óxido de aluminio.

karri wood: madera karri, madera para guías de pique hecho de una especie de caoba.

karst: carst, karst, complejo de cavernas subterráneas producido por disolución de las rocas meteóricas cargadas de gas carbónico.

keep to the left: mantenga la izquierda.

keep to the right: mantenga la derecha.

kentucky windage: compensación por desviación de la perforación anticipada.

key rock: roca determinante.

kibble: balde, receptáculo destinado a la extracción, de mineral o estéril por los piques.

kimberlite: kimberlita, roca ígnea metamórfica y ultrabásica, de la que se obtienen los diamantes.

kink: torcedura de un cable izador.

kinked hoist rope: retorcedura de cable de izamiento.

Koepe hoist: polea Koepe para izamiento de huinche.

kriging: krigeage, es una herramienta de gran alcance para la interpolación usada para medir recursos minerales.

Con I

labor contract: contrato laboral.

ladies quarters: cuartel de damas.

lagging: revestimiento con madera entre marcos.

lamellar: laminar, hojoso.

lamp room: lamparera de mina.

Lane criteria: criterio de Lane, criterio de planificación que considera el costo de oportunidad.

large - capacity haul truck: camión minero de gran capacidad.

large - scale map: mapa de gran escala.

laser - controlled machine: máquina controlada por láser.

lashing: democión.

launder: batea, cuneta colectora en la pared del pique.

lava: lava, nombre general de cualquier roca fundida, expulsada por los volcanes.

lavatory: baño minero.

lay: cableado de izamiento.

lay - by: desvío, apartadero de ferrocarril.

lay length: longitud del cableado.

layer: estrato, capa.

layering: estratificación.

layout: disposición, dibujo general.

lazy chain: cadena de descarga.

leach pads: pilas de lixiviación, especie de torta de 6 a 8 m de altura, sobre la que se riega una solución para extraer los metales.

leached ore: ripio.

leaching tank: estanque de lixiviación por agitación.

lead time: plazo de desarrollo.

lead wire: alambre duplex que conduce electricidad para detonación.

lebus - grooved drum: tambor con ranura de traspaso a media vuelta.

left - hand thread: rosca zurda, rosca a la izquierda.

leg wire: alambre del detonador o fulminante.

legend: leyenda, clave, área de referencia donde se explican colores, símbolos, patrones, formas y anotaciones usadas en un mapa.

lens: lente, miembro constituido por roca de aspecto lenticular y de litología diferente a la unidad que lo envuelve.

lenticular: lenticular.

Lerch and Grossman: método optimizante en rajo abierto para maximizar el beneficio.

level: nivel, galerías horizontales en un horizonte de trabajo en una mina.

level interval: separación de niveles.

level of confidence: nivel de confianza (estadística, reservas, control de calidad, etc.).

LHD (load - haul - dump): equipo LHD, cargador LHD, scooptram, scoop.

life belt: cinturón de seguridad.

lifeline: cuerda de salvamiento o seguridad.

lifters: zapateras, barrenos de voladura al pie del frente.

lime: cal, cal viva, es el óxido de cal.

limestone: caliza, roca sedimentaria compuesta fundamentalmente por carbonato cálcico.

limestone scrubbing: lavado por caliza.

limonite: limonita, hidróxido de hierro.

limonitic: limonítico.

line oiler: aceitador de línea, pato lubricador.

liner plate: palastro, plancha de revestimiento.

lining: revestimiento, foro, protección permanente de sostenimiento de las excavaciones subterráneas.

liquefaction: licuefacción, proceso de transformación de un suelo blando en una masa fluida.

lithological stress: esfuerzo litológico.

lithology: litología.

load indicator: indicador de carga, cartómetro.

load line: línea de carga.

loader: cargador frontal.

loading: carguío.

loading pocket: tolva para cargar.

loading stick: tacador, vara de madera usada para introducir los explosivos en un hoyo de perforación.

loading the round: cargar la frente.

loadout bin, chute, buzón. Véase chute.

loadout chute: tolva subterránea, chute al final de un pique.

lock coil rope: cable arrollado con encaje.

loco, locomotive: locomotora.

lode: veta, filón.

long blast hole: variante del método sublevel stoping, en el cual se utilizan equipos down the hole (DTH), capaces de perforar en 6 ½" y 80 m de longitud.

long - hole blasting: voladura de tiros profundos.

long - hole raise: chimenea de tiros largos.

long - range mine planning, long term mine planning: planificación minera de largo plazo.

long - term stability: estabilidad de larga duración.

long ton: tonelada larga.

long wall: método de explotación de frente largo, tajo largo, especialmente usado en minería subterránea de carbón.

longhole open stoping: método de explotación por perforación de barrenos largos, utilizando los equipos de martillo en cabeza (DTH), para perforar los barrenos en abanico.

longtom: carro de perforadora.

loop: layout del recorrido de un ferrocarril en forma de lazo, ramal cerrado.

loose, loose rock: roca suelta, roca floja.

lost time accident: accidente con tiempo perdido, una forma para medir el desempeño de la seguridad.

low grade ore: mineral de baja ley.

low - profile haul truck: carro de bajo perfil, dumper de bajo perfil.

lube truck: camión lubricador.

lubricator: aceitador, pato lubricador.

lump coal: carbón grueso.

lunch break: hora del lonche.

lunchbox: caja de bocadillos, porta lonche.

lunchroom: sala de lonche.

luster: brillo, lustre.

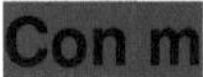

magistral: magistral, sulfato de cobre que se empleaba en la amalgamación.

macro - blocks: macrobloques. Es una variante del método block caving tradicional (para explotación de mineral secundario), el cual considera bloques de entre 30.000 hasta 35.000 m², cuyo nombre es Block Caving Configuración Macrobloques. Esta variante inició su prueba y puesta en

marcha en la mina Chuquicamata Subterránea, a partir de agosto de 2019.

machine learning: es una disciplina científica del ámbito de la Inteligencia Artificial que crea sistemas que aprenden automáticamente.

magazine: polvorín.

magma: magma, material fundido generado en el interior de la tierra por fusión de materiales a temperatura superior a 600° C. Su enfriamiento y consolidación da origen a las rocas magmáticas.

magnetic anomaly: anomalía magnética, especialmente relacionada con minerales de hierro.

magnetic bearing: marcación magnética, es la dirección medida con un instrumento magnético a un objeto o astro cualquiera respecto a la dirección norte magnético, rumbo medido en el plano horizontal de 0° a 360° en el sentido de las agujas que no tengan desviación.

magnetic inclinometer: inclinómetro magnético.

magnetic particle analysis: análisis por partículas magnéticas.

magnetic separation: separación magnética.

magnetic separator: separador magnético.

magnetic survey: levantamiento magnético.

magnetite: magnetita, mineral de hierro (Fe_3O_4).

magnifying lens: lupa de aumento.

mail entry: acceso principal, labor minera subterránea que comunica el cuerpo mineraliza con la superficie.

mail haulage level: nivel principal de transporte.

mail return airway: galería principal de retorno de aire.

main shaft, mineshaft: pique principal.

maintenance: mantención.

maintenance superintendent: superintendente de mantención.

major axis: eje mayor.

major hazard: riesgo mayor.

major stress (S_1): esfuerzo principal máximo.

make a survey: hacer un levantamiento topográfico.

malachite: malaquita ($Cu_2CO_3(OH)_2$)

maleable cast iron: fundición maleable.

manganese steel: acero al manganeso.

mantle, manto: manto, formación minera que tiene una inclinación inferior a 45° con respecto a la horizontal.

mantle: nuez de desgaste, blindaje del elemento triturador de un chancador giratorio.

manually: manualmente.

manway: bajada, escalera.

manway landing: canastillo, descanso, masilla, plataforma de descanso.

manway raise: chimenea escalerada.

mapping: mapeo.

marble; mármol, roca metamórfica producida por recristalización de piedras calcáreas o dolomitas.

Marcy scale: balanza Marcy, balanza colgante para medir densidad de pulpa o gravedad específica.

marker: indicador, marcador, guía.

marker bed: formación de referencia, capa guía, capa o estrato muy bien identificado por alguna de sus características.

Markov chains: En la teoría de la probabilidad, se conoce como cadena de Markov o modelo de Markov a un tipo especial de proceso estocástico discreto en el que la probabilidad de que ocurra un evento depende *solamente* del evento inmediatamente anterior. Esta característica de falta de memoria recibe el nombre de *propiedad de Markov*.

mass flow: flujo másico.

mass flow análisis: análisis de flujo másico.

mass production: producción a gran escala.

massive: masivo, en geología sin estratificación, esquistosidad o foliación, se aplica especialmente a cuerpos rocosos ígneos, pero puede utilizarse para describir estratos potentes en rocas sedimentarias.

master sinker: maestro de profundización de piques.

mat, matte: eje, mata, material en forma de una mezcla sulfurada que contiene de 45% a 48% de metal (como cobre). Se obtiene del horno de reverbero y se separa de la escoria por densidad.

matcher: junta de colado, juntura de interrupción de concreto en pique.

materials handling: manejo de materiales.

mother lode: veta madre.

máximum unsupported span: tramo sin revestir estable, mayor espacio o tramo sin que se produzcan desprendimientos inestables peligrosos.

means of escape: medio de salvamento.

measured resources: recursos medidos.

measuring tape: cinta de medir.

measuring pocket: bolsillo de medición

medium mining: mediana minería, aquella donde trabajan entre 80 y 400 trabajadores por mina-día y producen entre 1.000 y 12.000 t de mineral al día o hasta 40.000 ton de cobre fino al año.

mechanic master: maestro mecánico.

mechanical rockbolt: perno, bulón, perno de techo, barra de acero instalado en el interior de un barreno. Tiene el tipo de anclaje puntual en el extremo, ya sea con cuña o concha de expansión.

mechanisms of instability: mecanismos de inestabilidad.

mechanical ventilation: ventilación forzada o reforzada, a diferencia de la ventilación natural.

mechanized coal mining: arranque mecánico de carbón.

mechanized mining: extracción mecanizada.

mega: muy grande, gigantesco.

megablast: tronadura enorme.

megaseismic: megasísmico.

mercaptan: mercantano.

mercury: mercurio.

mercury sniffer: dispositivo olfateador para detectar vapor de mercurio (indicador de roca aurífera).

mesh and lacy: malla y cableado, soporte especial utilizado en minas sudafricanas profundas y en mina El Teniente para aminorar los daños causados por rockbursts.

metal refinery: refinería metalúrgica.

metallic luster: brillo metálico.

metalliferous: metalífero.

metallurgist: metalúrgico.

metallurgy: metalurgia metálica.

metamorphic rock: roca metamórfica.

metamorphism: metamorfismo, conjunto de procesos que a partir de una roca original cambian la mineralogía y estructura de la misma, pudiendo formar una nueva roca.

metasediment: metasedimento.

meteoric water: agua meteórica.

methane: gas metano (CH_4).

methanol: metanol, alcohol metílico.

method of measurement: método de medida.

metric tons: toneladas métricas.

micaceous: que tiene mica, mineral formado por varias láminas delgadas, brillantes, blandas y flexibles, que se utiliza como aislador eléctrico.

microseismic event: evento microsísmico.

mill: molino, aparato para moler.

mill liners: revestimiento de molinos.

mill test: prueba en fábrica.

millisecond delay blasting: voladura de micro retardo.

mine: mina.

mine car: carro de extracción.

mine closure: cierre de faena, cierre de mina.

mine closure plan: plan de cierre de faena y abandono de la mina.

mine development: desarrollos mineros, vías interiores de comunicación y/o transporte de personal en interior mina.

mine entrance: bocamina.

mine manning: dotación de la mina.

mine head: cabeza de mina.

mine layout: diseño básico de la mina.

mine/mill complex: complejo minero - metalúrgico.

mine model: modelo de la mina.

mine north: norte del cuadriculado, dirección norte según las coordenadas terrestres de la mina.

mineralogy: mineralogía.

mine rescue gear: operarios de rescate, equipo de rescate.

mine rescue team: cuadrilla de rescate.

mine transit: tránsito de mina.

mine planning: planificación minera.

mined - out: explotada por completo.

miner: minero.

mineral: mineral, elemento químico o compuesto formado de modo natural, que tiene una forma cristalina característica y una composición definida.

mineral deposit: depósito mineral.

mineral dressing: metalurgia, se refiere al arte y la ciencia de extraer metales de las respectivas menas por medios mecánicos y procesos químicos.

mineral oil: aceite mineral, el aceite derivado de una fuente mineral.

mineral reserve: reserva mineral, parte de un recurso mineral cuya explotación se considera rentable.

mínimum mining width: ancho mínimo para explotación, es el ancho mínimo horizontal que permite explotar una veta, de acuerdo con el equipo que se utiliza.

mínimum safe distance: distancia mínima de seguridad.

mining: arranque, explotación, minería.

mining área: dominio minero, zona minera.

Mining Basic Units (MBU): unidades básicas de minería, sector o área mínima de una mina.

mining concessión: concesión minera.

mining contractor: empresa o sociedad contractual minera.

mining district: distrito minero.

mining engineer: ingeniero(a) de minas.

mining engineering: ingeniería de minas.

mining exchange house: recinto acondicionado con baños, agua caliente, lockers para cambiarse de ropa antes y después del trabajo.

mining method: método de explotación.

mining pass: pasadura, es la distancia que sobrepasa un tiro más allá del límite de quiebre de otro opuesto. En el caso de rajo abierto se perfora más de lo proyectado para evitar que se produzcan cayos.

mining plan: programa de producción de corto, mediano y largo plazo de una faena minera.

mining región: región minera.

minor axis: eje menor.

miss hole, missed hole, missfire: tiro fallido o quedado.

misfire: falla de tiro, falla de tronadura.

mobile crusher: chancador móvil.

mobile equipment fleet: flota de equipo móvil.

modifier: modificador, un reactivo de flotación que controla alguna característica del sistema, ej. pH.

modulus: módulo.

modulus of elasticity (E): módulo de elasticidad, módulo de Young, relación entre el esfuerzo y la deformación del material considerado. Se mide en giga pascal (GPa).

modulus of rigidity (G): módulo de rigidez del macizo rocoso. Es la relación entre el esfuerzo cortante y la deformación generada por el corte, para un plano cualquiera (XY). G depende de módulo de elasticidad (E) y razón de Poisson (v).

Mohs scale of hardness: escala de dureza de Mohs, escala de resistencia de un mineral a ser rayado. Talco es el mineral de menor dureza y el diamante es el de mayor.

Mohr's circle: círculo de Mohr. El círculo de Mohr es un método gráfico para determinar el estado tensional en los distintos puntos de un cuerpo.

moil point: punta rompedora, barreta rompedora.

molten metal: metal fundido.

molibdenite: molibdenita (MoS_2).

morphology: morfología.

MRMR (mining rock mass rating): clasificación geomecánica del macizo rocoso. El sistema MRMR ajusta el valor del RMR básico en base a la consideración de los esfuerzos in-situ y los esfuerzos inducidos, cambios de esfuerzo, y los efectos de la voladura y del intemperismo. Este sistema ha sido desarrollado sobre la base de casos históricos de operaciones subterráneas (Hoek, 2007). Laubscher (1984) modificó la clasificación del RMR.

MSHA (Mine Safety and Health Administration): Administración de seguridad y salud en Minas de Estados Unidos).

MT (empty): vacío.

muck, mucking: marina, mineral fracturado por la tronadura de un disparo.

muck bay: estocada, ventana de extracción.

muck out (to): hacer o arrancar la marina.

mucking machine: máquina cargadora.

mud - cap, mudcap blast: parche, cachorro, pequeño tiro que se hace en un planchón o colpa, el cual se rellena con dinamita y posteriormente se hace explosar.

mud capping: capa de barro.

mud rush, mudflow: deslizamiento, alud o flujo intenso de lodo y rocas.

mudstone: lodolita, lodo endurecido, normalmente masivo, no laminar y que incluye proporciones similares de arcilla y limo.

multilayer winding: arrollamiento multicapa (tambor de huinche).

multilayer aquifer: acuífero de varias capas.

Con n

N system: N, índice logarítmico de la calidad de la roca, véase Q.

N system: sistema N, clasificación geomecánica del macizo rocoso (Matthews, 1981), véase Q.

N primed system: sistema N', clasificación geomecánica del macizo rocoso (Potvin, 1988), véase Q.

narrow vein mining: explotación de vetas angostas, adoptar técnicas manuales y usar mano de obra para recuperar la veta de alta ley, o bien, usar una flota de máquinas pequeñas.

native copper: cobre nativo.

natural ventilation: ventilación natural, corriente de aire natural.

navy winch: torno marítimo.

neat line: línea de la estructura (sin anchura adicional para la sobreexcavación).

need valve: válvula de aguja.

Net present value (NPV): valor presente neto (VAN).

neural networks: redes neuronales artificiales son un sistema computacional vagamente inspirado en el comportamiento observado en su homólogo biológico.

new austrian tunnel method, NATM: nuevo método austriaco de construcción de túneles.

nine bells: señal de emergencia dentro de la mina subterránea.

nitro, nitro glycerine: nitro glicerina.

nitrous oxides: óxidos nitrosos.

noble metal: metal noble, metal estable, cualquier metal que sea resistente a la corrosión o a la oxidación (oro, platino, plata, etc.).

no daylight failure or wedge: falla o cuña no aflorante.

noise: actividad sísmica, impulsos sísmicos acústicos (microsismo).

nonel: nonel, tubo nonel, cápsula detonadora en forma de tubo plástico, el cual es detonado por una onda de choque, sin corriente eléctrica.

non - linear geostatics: geoestadística no - lineal.

non - rotating rope: cable metálico antigiratorio.

nonrenewable resource: recurso no restaurable, renovable.

normal fault: falla normal.

nozzleman: aperador de la boquilla.

nuclear waste depository: almacén depositario de residuos nucleares.

nugget: pepita.

nugget effect: efecto pepita (geoestadística).

numerical model: modelo numérico.

Nutli: escala de Nutli (escala Richter), medida de la magnitud de un sismo.

nuts and bolts: tuercas y pernos.

Con o

oakum: estopa

occupational disease: enfermedad profesional.

occupational hazards: riesgo profesional, gajes del oficio.

occupational training: formación profesional.

off - line: desviado.

officional comissioning: inauguración.

offset: desplazamiento.

oiler: aceitador de línea, pato lubricador.

olivine: olivino, mineral corriente en rocas básicas, ultrabásicas y de bajo contenido en sílice

open - cast mining, open pit mining: minería a rajo abierto.

open fold: pliegue abierto.

open pit mining: explotación a rajo abierto.

open raise: chimenea o contramina no entibada ni con revestimiento.

open stope: caserón abierto, grada abierta.

operating profit: ganancias de explotación.

OPEX (operational expenditure): gastos operacionales, gastos cuando una mina ya entra en producción.

optical sorter: buscador óptico (diamantes).

optimization: optimización

ore: mena, mineral, metal en bruto.

ore - bearing: metalífero.

ore bin: tolva de mineral.

orebody, deposit: yacimiento mineral.

ore dump or waste dump: botadero de mineral o estéril, localizado en la superficie para depositar las marinas de los desarrollos en minería subterránea, botaderos de mineral de baja ley o simplemente de material estéril.

ore dressing: metalurgia, beneficio, se refiere al arte y la ciencia de extraer metales de las respectivas menas por medios mecánicos y procesos químicos.

orepass: pique de traspaso o extracción.

ore reserves: reservas de mineral.

ore - shoot: clavo, columna rica, mena de alta ley.

ore slurry pipeline: mineroducto.

ordinary kriging: krigeage ordinario, krigeage lineal.

orthoclase: ortoclasa, feldespato potásico que aparece como un componente esencial de las rocas ígneas más ácidas y también en algunas rocas metamórficas.

outcrop: afloramiento, roca aflorante, asomo, área total en la que una unidad rocosa determinada o estructura, aparece en la superficie del terreno o inmediatamente debajo de los sedimentos superficiales.

outsourcing: externalización de servicios, tercerización de servicios.

overall angle: ángulo de talud global.

overbreak: sobrequiebre, sobre - excavación.

overburden: sobrecapa, cubierta tipo suelo sobre la roca.

overburden stress: esfuerzo debido al manto de recubrimiento.

overhand cut and fill: método de explotación de corte y relleno ascendente.

overhand stope: método por rebaje de cabeza.

overhung arc gate: compuerta de arco superior.

overland conveyor: correa transportadora por aire.

overlap: solapa, traslape.

overlapping: superposición.

overshot mucker: cargadora neumática para hacer marina.

oversize, oversize material: sobretamaño, sobredimensionado.

oversize, oversize muck: material grueso con colpas.

oxidation: oxidación.

oxides: óxidos, en minería, se utiliza este término para referirse a todos los minerales derivados del proceso de oxidación de un yacimiento, cerca de la superficie.

oxidizer: oxidante, que provoca la oxidación, es decir, la combinación o, más en general, la cesión de electrones.

oxigen balance: balance de oxígeno.

Con p

parent rock: roca madre, roca que mediante procesos de meteorización y erosión da lugar a la formación de la parte inorgánica del suelo.

P wave: onda P, onda compresional que se transmite en un medio elástico.

packer: obturador, tapador, cerrador de taladro en sondeos.

packing: macizado.

pan for gold: lavar oro con batea, cribar oro.

panel: cuadro, panel.

panel caving: método de explotación de hundimiento por paneles, es una aplicación particular del hundimiento por bloques independientes, con el objetivo de evitar dilución lateral, el cual se usa para la explotación de mineral primario o competente.

pantleg: bifurcación.

panthograph trolley: pantógrafo para locomotora de tren.

parallel access: acceso en paralelo.

particle size distribution: distribución de tamaño de partículas.

partner: compinche.

party chief: jefe de cuadrilla.

pass: paso entre niveles, obra minera por donde pasa material o mineral por gravedad.

pathfinder: elemento guía, elemento químico que generalmente aparece como trazas que se encuentra asociado a un tipo de mena específico.

pattern bolting: apernado sistemático para áreas que requieren buen sostenimiento.

PAX (potasium amyl xanthate): xantato potásico de amilo reactivo, colector estándar para flotación en laboratorio de metalurgia.

pay line: gálibo para pago, línea de pago.

payload: carga útil, carga de pago, carga pagada.

pebble mill: molino de guijarros, molino de piedras, molino cilíndrico, similar al molino de bolas.

PED (personal emergency device): dispositivo especial de emergencia, elemento particular para aviso de socorro.

pegmatitic: pegmatítica, fase donde se cristalizan grandes cantidades cantidades de silicatos con elementos no compatibles presentes como berilio, boro, niobio y otros.

pellet: bolita, pelet, pellet.

peletización: proceso de aglomeración mediante el cual se forman bolitas de mineral fino con el uso de una sustancia aglomerante.

penalty for impurities: castigo por impurezas.

perfect mixer: mezclador perfecto.

perimeter blasting: tronadura perimetral, recorte, técnica de voladura controlada.

permissible explosives: explosivos aprobados.

personnel carrier: furgón transporte personal.

percussion drilling: perforación a roto - percusión.

phase: fase, componente espacial de la planificación de un rajo abierto.

picks: picas, elementos instalados en las rotatorias de la máquina de ataque puntual.

picking hammer: martillos picadores, equipos mecanizados que consisten en un brazo articulado que posee una punta de aleación de acero de gran resistencia y dureza en su extremo. Puede ser manejado por un operador, o bien, en forma telecomandada.

piezometric head: altura piezométrica.

pillar: pilar, macizo de roca o mineral no excavado que sirven de soporte en grandes cámaras subterráneas.

pillar recovery: explotación de pilares abandonados.

pilot bit: trépano o perforación de piloto.

pilot hole: sondeo de piloto (Ej, para raise boring o blind hole).

pilot hole deviation, drit deviation: desviación de una perforación, desviación de un drift.

pilot mill: planta piloto.

pilot plant: planta piloto.

pilot raise: chimenea piloto.

pine oil: aceite de pino (espumante).

pipe: chimenea, conducto sensiblemente tubular por el que los productos volcánicos emergen hacia superficie. Al término de la erupción del volcán se llena de lava o de brechas con bloques soldados.

pipe rack: guarda tuberías.

pipe reticulation: red tubular.

pit head: brocal.

pit shells: conos óptimos en rajo abierto.

pitot tube: tubo pitot.

placer: placer, enriquecimiento aluvial o marino de minerales densos y resistentes (oro), formado por erosión y concentración física.

placer gold: oro de aluvión, es un placer formado por la acción de agua corriente.

placer mine: mina de placeres, mina de aluvión.

plagioclase: plagioclasa, feldespatos de sodio y calcio. Son uno de los grupos formadores de roca más corrientes.

plank: latón, tablón de madera.

plastic corre: alma plástica, núcleo plástico.

plat: tolva de carguío

plate tectonics: tectónica global, placa tectónica, parte de la geología que estudia las placas litosféricas y las deformaciones y procesos geológicos provocados por el movimiento de las placas. Puede explicar la generación de terremotos, la formación de cordilleras, el desplazamiento de los continentes, etc.

PLS (pregnant leaching solution): solución de lixiviación cargada se refiere a la solución que sale de las instalaciones de lixiviación (montones, pilas, bateas, etc.) y que ha sido enriquecida por la disolución del metal (oro, plata, cobre, etc.), desde el mineral.

plug flow: flujo pistón.

plugger: perforadora de bancos, barrena para perforar bancos.

plumb: aplomo, plomo, plomada.

plumb line: hilo de plomada, aplomo.

plunge: inclinación del rumbo, dirección y orientación del eje mayor de un yacimiento.

pluton: plutón, masa intrusiva de rocas ígneas: se clasifican en función de su forma, tamaño y relación con roca encajante.

pocket: cavidad, bolsada.

podiform: Es una forma en la cual se depositan las cromitas. Es un tipo de depósito mineral.

point load: ensayo de carga puntual, fuerza concentrada en la punta.

Poisson's ratio: coeficiente de Poisson, razón de deformación lateral/longitudinal de un material que ha sometido a un esfuerzo longitudinal.

poluting: contaminación, cualquier actividad realizada por el ser humano que afecta al medio en el cual se desarrolla.

polyester resin: resina poliéster.

polymetalic: polimetálico, concentración de minerales metálicos (óxidos y/o sulfuros) de diferente composición.

porphiry copper: pórfído cuprífero, Depósitos de cobre de baja ley de cobre y alto tonelaje, emplazados en bordes convergentes. En Chile, se emplazan a lo largo de la Cordillera de los Andes, y forman parte de los depósitos del cinturón de fuego del pacífico. Pueden contener cantidades importantes de molibdeno, oro, plata o estaño que se extraen como subproductos.

popping: desconchamiento, es el fenómeno de desprendimiento espontáneo y/o proyección violenta de lajas o fragmentos de las rocas; se presenta en rocas duras y quebradizas en minas profundas, pequeños estallidos de roca.

popping ground: roca desconchada.

porosity: porosidad, relación entre el volumen de huecos en un material y su volumen total.

porphiry: pórfido, roca ígnea que contiene grandes cristales (fenocristales) en una matriz de grano fino. Por eso porfídica es la textura de un pórfido.

portable conveyor: transportador movible, correa transportadora reubicable (móvil).

portable headframe: castillete transportable, castillo de mina reubicable.

portable sinking plant: instalación reubicable para profundización de piques.

portal: portal, bocamina.

positive stress: esfuerzo de compresión.

possible reserves: reservas posibles.

possible resource: recurso posible.

post: poste, mono de madera de dimensiones variable, resistente, utilizado en sostenimiento provisorio.

post hole winding: izaje por las chimeneas.

post - mineral, post - mineral: post mineral (dique, falla, etc.).

post - mineral dike: dique post mineral.

post - mineral fault: falla postmineral.

post pillar: pilar delgado.

potassium cyanide: cianuro de potasio.

powder: explosivos.

powder: polvos.

powder consumption: factor de carga, consumo de explosivo por tonelada de mineral o roca.

powder magazine: polvorín, bodega de explosivos y accesorios.

Precambrian: precámbrico, era geológica.

precious metal: metal precioso, oro, plata, etc.

precious stone: piedra preciosa, gema, etc.

precipitate: precipitado.

precision scale: balanza de precisión.

Preconditioning: Preacondicionamiento, reducción del tamaño de la roca in situ, según dos tecnologías: Fracturamiento Hidráulico (FH) y Debilitamiento Dinámico con Explosivos (DDE).

preg solution, pregnant solution: solución madre, solución rica, solución de cianuro cargada con plata y oro producto de la cianuración de concentrados o minerales con plata y oro.

premix: premezcla de concreto.

preparation: Todos los yacimientos mineros requieren un modelo específico de excavaciones de preparación, que se disponen en una fase separada, antes de la producción del mineral. Esta fase se efectúa en conexión con el método de explotación seleccionado.

preshears: precortes.

pre - splitting: pre - hendidura, precorte, técnica de generar una discontinuidad o fractura a lo largo de una línea (línea de precorte) con explosivos.

pressure filter: filtro de presión.

pressure reducing valve (PRV): válvula reductora de presión, válvula de reducción de presión.

pressure washer: hidrolavador.

pre undercutting, previous undercutting: variante hundimiento previo en método panel caving.

primacord: cordón detonante.

primary crusher, primary crushing: chancador primario, trituradora primaria.

prime: primar, acción de introducir uno o más detonadores en un explosivo.

primer: cebador, masa de explosivo de alta potencia relativamente pequeña en lo que se introduce el detonador.

principal stresses (S_1, S_2, S_3): esfuerzos principales máximos, fatigas principales. Se toman los esfuerzos en el plano perpendicular al eje del túnel y en este plano se buscan los esfuerzos en un análisis bidimensional.

private operation: propiedad privada.

probable reserves: reservas probables.

probable resource: recurso probable.

probe hole: sondeo de reconocimiento.

producing stopes: caserones en producción.

proven - process: técnica probada, proceso industrial que supera la prueba del tiempo.

process water: agua de elaboración.

production capacity: capacidad de producción.

production plant: planta de producción.

production rate: ritmo de producción.

production scheduling: programación de la producción.

promoter: promotor, reactivo para flotación.

production base level: nivel base de producción.

propagation blasting: voladura propagada.

prospecting: prospección.

prospect pit, trial pit: cata.

prospector: explorador.

protective pillar: macizo de protección.

prototype: prototipo, algo nuevo que no ha sido probado en la operación.

proven reserves: reservas probadas.

proven resource: recurso probado.

psi (pound square inch): libras por pulgada cuadrada (medida de presión).

pug mill: amasadora, amasadora metálica.

pull: avance por disparo.

pull: arrancar.

pull - out test: ensayo de tracción, ensayo de resistencia al arranque de un bulón o perno de anclaje.

pull system: circuito de succión (ventilación subterránea).

pulp: pulpa, papilla, suspensión de partículas minerales en agua.

pump: bomba.

pump station: estación de bombeo.

pumping rate: tasa de bombeo.

punch lock: aparejo abrazador de manguera.

purity: pureza (oro, plata, etc.).

push: impulsión de aire, efecto producido por los aparatos de ventilación.

pushbacks: expansiones sucesivas en rajo abierto.

push - pull: impulsión, succión (ventilación).

push - pull ventilation system: circuito de ventilación balanceado en contrafase.

pyramid cut: corte piramidal, ranura piramidal.

pyramid stoping sequence: secuencia de extracción en pirámide.

pyrite: pirita (FeS_2), este sulfuro de hierro es el más utilizado para la obtención de ácido sulfúrico (H_2SO_4), mediante el calentamiento o tostación del mineral en presencia de oxígeno. Véase iron pyrite.

pyrometallurgical furnaces: hornos pirometalúrgicos, se trata de hornos basculantes de refinación en los que se produce el cobre anódico, el cual tiene un 99,6% de pureza.

pyrrhotite: pirrotita, pirita magnética, sulfuro de hierro magnético.

Con q

Q (Q - index): índice logarítmico de calidad de la roca, frecuentemente usado para caracterizar los túneles.

Q primed system: sistema Q', clasificación geomecánica del macizo rocoso (Mathews).

Q system: sistema Q, subclasificación geomecánica del macizo rocoso, (Barton).

qualified person (QP): profesional calificado, (un geocientífico, una geocientífica).

quarry: cantera.

quartz: cuarzo, sílice cristalina, un mineral importante y durable, compuesto de sílice (SiO_2), el cual está presente en la mayoría de las rocas.

quenching: sumersión.

queueing time: tiempo de espera en línea.

quicklime: cal, cal viva, óxido de calcio (CaO).

Con r

radiation hazard: peligro de radiación.

radiation monitoring: monitorización de radiación.

radio control: control remoto por radio.

raffinate: refino, solución pobre, es la solución empobrecida en cobre después del proceso de extracción por solvente y que es enviada de vuelta a las pilas para integrarse al proceso de lixiviación.

rail bender: doblador de rieles, diablo.

rail gage, gauge: entrevía.

rail mounted: montado sobre rieles.

raise: contracielo, chimenea contramina, labores inclinadas o verticales que se abren desde abajo hacia arriba (chimeneas).

raise borer: escariador, equipo para perforación de chimeneas.

raise drill: escariador, equipo para perforación de chimeneas.

raise drilling: perforación de chimeneas, perforación de alzamiento.

raise borer and slash: paso ejecutado por el sistema de raise borer y posteriormente, ensanchado a mayor diámetro mediante explosivos.

raise miner: minero de chimenea.

raisebore pilot hole: sondeo piloto, taladro piloto.

raiseboring: escariado, es un sistema usado para excavar en roca: primero se perfora un sondeo de pequeño diámetro, llamado piloto, en sentido descendente; una vez que se llega al punto de conexión, se coloca una cabeza del diámetro que se desea obtener y se tira hacia arriba de modo que la cabeza asciende perforando. La marina cae al nivel inferior.

raising: avance de chimeneas.

rake, pitch: rastrillo.

ramp: rampa, una galería inclinada que sirve de acceso a las labores mineras, desde la superficie, o como conexión entre niveles de una mina subterránea.

random sample: muestra al azar, muestra aleatoria.

rare earths: tierras raras.

rate of penetration (ROP): tasa de penetración.

ravelling: desintegración de las paredes y/o el techo en una labor subterránea.

raw raise: chimenea sin entibado ni revestimiento.

reaction time: tiempo de reacción.

ream: escariar, ampliar, ensanchar.

reamer bit: broca de escariado.

reamer head: corona ensanchadora, cabeza ensanchadora.

rear - end collision: choque por detrás.

rebound: rebote, rechazo, efecto por el que parte del concreto se desprende durante shotcreteo. Este rechazo puede ser hasta un 30%.

recleaner cells: celdas de relimpieza.

recoverable reserves: reservas recuperables.

recovery: factor de recuperación, porcentaje del mineral extraído de un yacimiento con relación al volumen total contenido en el mismo.

recovery at infinite time: recuperación a tiempo infinito.

recovery ratio: índice de recuperación.

red - hot: al rojo vivo, calentado al rojo.

red metal: cobre.

reducing agent: agente reductor, ambiente o sustancia química que induce la reducción mientras éste se oxida.

reducing ratio: razón de reducción, es el cociente entre el tamaño de la alimentación y el tamaño del producto de una máquina de conminución de minerales.

reef: filón tabular.

refine (to): refinar, beneficiar.

refining: refinación.

refinery: refinería

refractory: refractario, aquel material capaz de resistir altas temperaturas y de conservar sus propiedades físicas y químicas.

refusal pressure: presión de rechazo durante la inyección.

regime: régimen.

regional stress: esfuerzo regional.

refuge station: salón de refugio, cámara de refugio.

regressive análisis: análisis de regresión, técnica estadística que se utiliza para medir la relación cuantitativa entre dos o más variables.

regrind: remolienda.

regrind: remoler.

relaxation: relajación, relajamiento, alivio de los esfuerzos dentro de una masa rocosa.

relaxed zone: zona de relajación de esfuerzos.

relief hole: barreno de alivio.

remnant mining: extracción de remanentes de mineral en los extremos del yacimiento.

remote - controlled LHD unit: cargador LHD por control remoto.

remote control unit, RCU: unidad para control remoto.

remote sensor: sensor a distancia, sensor remoto.

representative sample: muestra representativa.

rerail (to): reutilizar vía ferrocarril.

rescue: rescate.

reserve estimation: estimación de reservas.

residence time distribution: distribución de tiempos de residencia.

residual stress: esfuerzo o tensión residual.

resin bolt: perno con cartuchos de resina.

resistivity log: registro de resistividad.

resource allocation: asignación de recursos.

restrictions: restricciones

retention time: tiempo de retención.

retort: retorta, una vasija en la cual se destilan o descomponen sustancias mediante calor.

retreat mining: labores explotadas en retirada, laboreo en retirada.

return air: aire viciado.

return internal rate: tasa interna de retorno (TIR).

revenue factors: factores de ingreso, que definen los pit shells.

reverberatory furnace: horno reverbero, es un paralelepípedo de ladrillos de dimensiones variables. En este horno se realiza a 1200° C la fusión del concentrado del cobre para separar la escoria del eje o mata.

reverse benching: banqueo al revés, técnica para perforación de piques muy pequeños.

reverse circulation drill: perforadora de circulación inversa, perforadora de aire reverso, la modalidad en que el fluido va por el especio anular y vuelve en el tren de varillas.

reverse fault: falla inversa.

reverse osmosis: osmosis inversa.

RCU: unidad para control remoto.

rhiolite: riolita, roca volcánica de grano fino a vítrea, de composición mineralógica similar a un granito; los miembros más vítreos del grupo se denominan obsidiana.

rib pillar: pilar regional de seguridad, pilar entre dos galerías adyacentes.

rich ore: mineral rico.

Richter scale: escala de Richter, medida de la magnitud de los terremotos y rockburst.

ricochet: fuerza de rebote.

rifle: rifle, separador de mineral.

rifle sampler: divisor de muestra.

rifles: rifles, listones de madera colocados transversalmente al piso del tame, con el objetivo de romper la carga aurífera y disgregar estéril.

riffling: bocazo, salida de gases que resulta cuando una carga de explosivos no es confinada en la perforación de voladura.

right - hand rule: regla de la mano derecha.

rip: rastrillar.

rise: chimenea, contracielo.

riser: chaflán ahusado, tambor de huinche.

RMR (rock mass rating): RMR, clasificación gemecánica del macizo rocoso, (Beniawsky).

road train: tren de remolques tirado por tractor de camión.

roadheader: máquina tuneladora de ataque puntual, rozadora, maquina tuneladora que actúa mediante un brazo oscilante y una cabeza giratoria con piques que recorre el frente de la excavación.

roast: tostadura.

roaster: calcinador, tostador.

rob pillars: despilarar.

Robot shotcrete: equipo para lanzar shotcrete.

rock box, rockbox: carcasa de rocas, diseño de los impactadores de eje vertical, por el cual las rocas fragmentadas se acumulan para proteger la superficie de blindaje.

rock breaker: martillo picador, romperoca, martillo rompedor, martillo rompe bancos, picador, martillo mecánico usado para reducir a golpes trozos grandes de mena o estéril.

rockburst: estallido de rocas, sismo de hasta 3.0 - 3.5 magnitud Richter, cuyo epicentro está dentro de una mina subterránea).

rock drill: martillo perforador de roca.

rocker shovel: pala neumática, equipo de carguío utilizado para el carguío en minas de pequeña o mediana minería.

rock fall: derrumbe, desprendimiento.

RMS (rock mass strength): Este índice corresponde a una estimación de la resistencia del macizo rocoso.

rock outcrop: afloramiento. Véase outcrop.

rocktype: tipo de roca.

Rockwell hardness: dureza Rockwell.

rod coupling: acoplamiento de vástago.

rod mill: molino de barras, máquina de molienda que consiste en de un cilindro horizontal y rotativo, cargado con barras de acero y fragmentos del mineral. La fragmentación se produce por el choque de las barras contra el mineral durante la rotación.

roll crusher: trituradora o chancador de rodillo.

roof bolt: perno de anclaje. Véase rockbolt.

roof bolter: jumbo apernador.

room and pillar: método de explotación por cámaras y pilares. Su campo de aplicación es Se usa en depósitos horizontales o sub-horizontales (hasta 30°) en roca medianamente competente y espesores que dependerán de la potencia del manto.

rope breaking strength: carga de rotura de un cable izador.

rope button: botón de retén (accesorio de cable izador).

rope riser; chaflán ahusado (tambor de huiche, etc.).

rope slip: deslizamiento en polea de fricción.

ross feeder: alimentador de cadenas.

rotary: rorativo, rototorio, giratorio.

rotary drilling: método de perforación rotativo, perforación que realiza las acciones simultáneas de rotación, empuje y barrido, este método es utilizado en la mayoría de las faenas mineras a cielo abierto. Los diámetros de perforación van desde las 6" hasta 14".

rotary drum dryer: desecador de tambor rotativo.

rotary dryer: secadora rotativa.

roto - percussion: rotopercutiva.

rougher flotation: flotación rougher.

routing: recorrido, consiste en elegir la mejor ruta (la secuencia de los segmentos del camino) de origen al destino de un vehículo asignado.

RQD (rock quality designation): índice de calidad de macizo rocoso, es el porcentaje de recuperación de testigo en que sólo se consideran fragmentos de longitud superior a 10 cm.

royalty: regalía.

rubber boots: botas de goma, botas de hule.

rubbing surface: superficie de contacto, superficie interna del conducto de ventilación; área superficial de contacto con el flujo de aire.

run of mine (ROM): menas o desmontes resultado de una tronadura de avance, en una roca típica de cada mina. En caso de rajo abierto es el material tronado para generar botaderos o stockpile.

run off the rails: descarrilarse.

running ground: terreno suelto.

Con s

S wave: onda S, onda transversal.

sacrificial washer: arandela sacrificatoria, rodela que se desgasta por corrosión galvánica.

saddle bracket: montura, soporte de montaje.

saddle hanger: silla colgante.

safety bay: salvavidas, nicho de seguridad, frontón hecho en las cajas de las galerías con el propósito de proteger al personal, que transita por una galería por la cual circulan vehículos.

safety glass: vidrio de seguridad.

safety helmet: caso de seguridad.

safety lamp: lámpara de seguridad.

safety tail: elemento de seguridad que se usa en minería subterránea.

SAG (semiautogenous grinding): molienda semiautógena, molienda de rocas y minerales en el cual el medio moledor está compuesto por trozos grandes del mismo material que se intenta moler y unas bolas de acero. Requiere como máximo un D80 igual o menor a 8 pulgadas para la alimentación.

SAG mill: molino SAG, molino semiautógeno, éste es un molino de gran capacidad que recibe material directamente del chancador primario. El molino tiene en su interior unas bolas de acero de manera que, cuando el molino gira, el material cae y se va moliendo por efecto del impacto entre fragmentos de de roca/bolas y revestimiento.

salt dome: domo salino, estructura geológica de sal, en forma de cúpula.

sample: muestra.

sampler: toma muestra.

sand fill: relleno hidráulico cementado, llenados de los vacíos creados por la explotación.

sandstone: arenisca, roca sedimentaria constituida por abundantes fragmentos de tamaño de arena unidos por una matriz o cemento de grano fino. Las partículas de arena suenen ser de cuarzo.

satellite orebody: yacimiento hermano, criadero satelítico.

sack of cement: sacos de cemento.

scaffold: andamio, superficie de trabajo normalmente horizontal para trabajar en altura se fija a las cajas, o bien, al piso de una labor inclinada o vertical por medio de patas mineras u otro dispositivo.

scale: acuñar, retirar bloques de cajas y/o techos semi desprendidos.

scaler: acuñador montado sobre un equipo usado para grandes secciones.

scale factor: factor de escala.

scale of hardness (Mohs): escala de dureza.

scale of hardness: escala de dureza.

scaling: acuñadura, desprendimiento de colpas del techo y cajas.

scaling bar: barretilla de acuñadura o seguridad, palanca, desquiciadora, barra de incrustación manual. Hay manuales para secciones inferiores a 4,5 x 4,5 metros y otras que van montadas sobre un pequeño vehículo para ser usadas en secciones de hasta 8,0 x 8,0 metros (scaler).

scalper: separador preliminar.

scalping grizzly: cribadora de varillas paralelas para desviar finos o rocas pequeñas.

scavenger cells: celdas scavenger, celdas barridas.

scheduler: planificador de tareas.

schistocity: esquistosidad, foliación que presentan las rocas; una dirección de los minerales en la que son fácilmente exfoliables.

scissor lift: plataforma a tijeras, plataforma de trabajo elevable por sistema de tijera.

scooptram: equipo LHD, cargador LHD, scooptram, máquina cargadora - transportadora, cargador frontal móvil para carguío y acarreo subterráneo.

scraper, scraper bucket: pala de arrastre, pala buey, escrepa de arrastre, cucharón metálico cuya función es el arrastre de marina o mineral. Fue utilizado con éxito en mina El Salvador, para la explotación por block caving, en el mineral secundario.

scratch test: prueba por rayado.

screen, screener: criba, harnero.

screening: enmallado, la aplicación de una malla metálica sobre una red de fortificación por apernado.

scribing: piso de gálibos, piso de ajuste.

seal ring: anillo de estancamiento.

sealant polymer: polímero obturador.

seam: filón.

second egress, second means of egress: segunda ruta de escape.

secondary blasting: voladura o tronadura secundaria.

secondary breaker: rompedor secundario.

secondary enrichment: enriquecimiento secundario (supergénico) se aplica principalmente a los yacimientos (criaderos), y más concretamente a aquellas partes de éstos en las que el contenido en minerales metálicos (o, en el caso de una sustancia no metálica su contenido mineral utilizable) se ha incrementado, como resultado de la infiltración de aguas que transportan material en solución.

sedimentary rock: roca sedimentaria, roca resultado de la consolidación de sedimentos sueltos que se han acumulado en capas o roca de tipo químico formado por precipitación, o una roca orgánica, consistente principalmente de restos de plantas.

seismic: sísmica.

seismic activity: actividad sísmica.

seismic evento: evento sísmico, suceso sísmico, caso sísmico, movimiento sísmico.

seismic moment, M: momento sísmico. La magnitud de momento mide el tamaño de los eventos en términos de la cantidad de energía liberada.

seismic shock wave: onda sísmica.

seismic train: deformación sísmica.

seismic wave: onda sísmica.

seismograph: sismógrafo, aparato que registra los eventos sísmicos en una mina profunda.

selection function: función selección, en modelamiento en molienda.

selective flotation: flotación selectiva.

selective mining method: método de explotación selectivo.

self - combustión: autocombustión.

self - contained breathing apparatus autorrescate: aparato respiratorio portátil.

self - rescuer: aparato para auto - rescate, autorrespirador, aparato respiratorio de oxígeno portátil a circuito cerrado, autónomo diseño solamente para el escape de las atmósferas tóxicas u oxígeno deficientes.

semi - autonomous LHD: LHD semiautónomo, el sistema coloca al operador de LHD, ya sea en una ubicación subterránea bastante alejado de la zona minera activa o en la superficie en una estación de control. Trasladar el operador fuera de la máquina y la automatización de algunas funciones de los LHD proporciona varios beneficios, como seguridad, eficiencia, etc.

semigelatin dynamite: dinamita semigelatinosa.

slimes: lamas, corresponden a las partículas que tienen un tamaño menor al requerido (ej. bajo 200 mallas Tyler), lo cual puede afectar la eficiencia de algunos procesos de recuperación metalúrgica.

slusher: huinche para pala de arrastre, máquina usada particularmente en minería subterránea, para arrastre, carguío y transporte de mena.

semiautogenous grinding, SAG: molienda semiautógena.

semiprecious stone: piedra semipreciosa.

sericite: sericita, mica secundaria normalmente resultado de la alteración de otros minerales que constituyen las rocas; químicamente similar a la moscovita.

service bay: puesto de servicio.

setup time: tiempo de establecimiento.

settling pond: cámara de sedimentación, depósito de sedimentación, balsa de decantación, embalse de aguas tranquilas en el que los materiales muy finos se dejan decantar, véase tailings pond.

shaft: pozo mina, tiro de la mina, clavada, chimenea, chimenea, pozo, excavación vertical o inclinada ejecutada en la roca con la finalidad de permitir el acceso a un yacimiento o conectar o conectar niveles de explotación.

shaft collar: boca del pozo, brocal del pique.

shaft deepening: profundización.

shaft drilling rig: torre de perforación del pique de mina.

shaft forms: encofrado metálico.

shaft station: nivel del pique, piso del pique, brocal.

shaftman´s ax, axe: hacha de minero, hachagubia.

shaking table: mesa sacudidora, mesa oscilatoria para clasificación.

shale: lutita.

shear fracture: fractura por esfuerzo cortante.

shear modulus: coeficiente de rigidez.

shear stress: tensión tangencial, esfuerzo cortante, cizalle, corresponde al esfuerzo que actúa paralelo a una superficie. Se puede asociar como una tijera cortando un papel.

shear zone: zona de cizalle.

sheave: garrucha, polea a cable, carrucha, roldana de polea.

shell - driven grinding mill: molino enorme accionado por engranaje de muñón y corona, todo alrededor del casco.

shift boss: jefe de turno, minero de cuarto.

shift work: trabajo por turnos.

shift boss: jefe de turno.

shifter: jefe de turno.

shifter stock: material para laminitas, lámina delgada de latón, por ejemplo.

shock wave: onda de explosión.

shoot: veta rica, mena de alta ley en columna.

short term mine planning: planificación minera de corto plazo

short - term stability: estabilidad a corto plazo.

short wall: frente corta, método de explotación de explotación subterránea de minas de carbón.

shot: disparo, pega, voladura, tiro. Véase blast.

shotcrete: torcreto, gunita, hormigón proyectado.

shotcrete machine: shotcretera, torcretadora.

shotcrete nozzle: cañón lanza shotcrete, cañón de cemento.

shovel: pala de rajo abierto.

shovelful: palada.

shrinkage: método de explotación por cámaras almacén, excavación por shrinkage, método selectivo de explotación para depósitos con buzamiento mayor de 60° en que el mineral se arranca por franjas horizontales, que empiezan desde la parte inferior del cuerpo, avanzan hacia arriba y dejan un vacío, por lo que el mineral arrancado se deja allí como relleno y soporte provisional.

side clearance: franqueo lateral.

side - dump minecar: vagón basculante con descarga lateral.

siding: desvío, apartadero.

signal code: código de señales.

silica: sílice, el dióxido de sílice, SiO_2, resistente química y físicamente, que ocurre en la naturaleza como cuarzo, chert, pedernal, ópalo o calcedonia y que se combina en los silicatos para constituir un componente esencial de muchos minerales formadores de rocas.

silicosis: silicosis, enfermedad respiratoria causada por inhalación de polvo de sílice (lo mismo que el cuarzo). El polvo silíceo se encuentra cuando se perfora en muchos tipos de roca y afecta, principalmente, a las personas que trabajan en las minas.

sill: intrusión tabular o laminar de rocas ígneas que aparece conforme con la estratificación.

sill pillar: estribo horizontal, pilar en fondo del escalón, loza.

sillstone: limolita, roca endurecida de grana fino, en la que la cantidad de fracción limo supera a la de arcilla.

Simplex algorithm: algoritmo simplex, conjunto de métodos que permiten resolver problemas de programación lineal.

silver: plata.

simulated annealing (SA): (recocido simulado, cristalización simulada, templado simulado o enfriamiento simulado) es un algoritmo de búsqueda meta-heurística para problemas de optimización global; el objetivo general de este tipo de algoritmos es encontrar una buena aproximación al valor óptimo de una función en un espacio de búsqueda grande.

simulation: es una técnica numérica para conducir experimentos en una computadora digital.

single - toggle jaw crusher: chancador de articulación única, quebradora de mandíbulas en la que una mandíbula está suspendida de una excéntrica y se mueve tanto lateral como verticalmente.

sink, sink a shaft: profundizar, cavar, ahondar, collar tiro de la mina, perforar un pozo, excavar hacia abajo.

sinking bucket: balde, capacho, receptáculo destinado a la extracción de estéril por los piques.

sinking stage: plataforma.

sized ore: mineral cribado.

size factor: factor dimensional.

skarn: skarn, roca constituida por silicatos cálcicos, formada por el contacto entre intrusivos graníticos y rocas carbonatadas por metasomatismo.

skip: cucharón de extracción, cajón, montacarga, vasija, chalupa.

skip filling station: estación de llenado o carguío del skip.

slab: lámina.

slag: escorias, masa vítrea de baja densidad constituida en un 90% o más por sílice y hierro que se separa de la mezcla fundida en el interior de reverberos por gravedad.

slate: pizarra.

sleeper: durmiente, traviesa.

sleeping railroad: durmiente de ferrocarril.

slick line: tubería para hormigón, cañería para concreto.

sliding failure: derrumbe por deslizamiento.

sliding frames support: marcos deslizantes de soporte.

slimes: lamas, lodos, corresponden a las partículas que tienen un tamaño menor al requerido, pudiendo afectar la eficiencia de algunos procesos de recuperación metalúrgica y la utilización subsiguiente de relaves para relleno subterráneo.

slim - hole, slimhole rig: perforadora para perforación o inyección de enlechados delante de profundizar un pique profundo.

sliping: véase slash, slashing.

slope: talud, pendiente, inclinación, declive, chiflón, rampa.

slope protection: protección de taludes.

slope indicator: desviómetro.

slope stability: estabilidad de taludes.

slot: espacio o canal inicial que se realiza antes de iniciar la explotación de un panel, caserón, etc., el cual servirá como cara libre.

slot raise: chimenea de arranque, cara libre.

sludge: fangos, residuos, lodos.

slurry explosives: explosivos tipo slurry, explosivos que contienen nitrato de amonio, TNT, agua y sustancias para mantener el explosivo homogéneo, son especiales para terrenos húmedos.

slusher: huinche para pala de arrastre, máquina usada, particularmente en minería subterránea, para arrastre, carguío y transporte de mena, carbón o material o estéril en distancias cortas.

slusher hoist and scraper: winche con telemando, consiste en una pala pequeña (un balde con un borde cortante) accionada por un malacate (huinche) neumático equipado con dos o tres tambores de cable.

small mining: pequeña minería, aquella donde laboran entre 150 y 500 trabajadores por día y menos de 100.000 toneladas de cobre al año.

smallest mining unit (SMU): unidad de minado selectivo.

smelt (to): fundir, beneficiar.

smelter: fundición, fundidor de mineral, oficina de fusión, obrero metalúrgico.

smelter slag: escoria de fundición.

smelting: fundición, beneficio de minerales.

smokestack: chimenea.

smooth blasting: voladura perimetral, tronadura suave, recorte, por lo general involucra menor espaciamiento entre barrenos y variación a la carga. A diferencia del "precorte", se inicia junto a la voladura principal como última fila de iniciación.

smooth blasting: voladura controlada.

SMR (slope mass rating): clasificación geomecánica del macizo rocoso, (romana), véase RMR.

SMU: unidad de minado selectivo.

snake holes: zapateras, barrenos de voladura al pie de la frente.

socket: enchufe (para cable de izaje).

soda ash: carbonato sódico anhidro, sosa comercial.

sodium cyanide: cianuro de sodio

sodium silicate: silicato sódico.

soil: suelo, todos aquellos materiales no litificados que recubren al sustrato rocoso de tierra.

solid concentration by volumen: concentración de sólidos en volumen.

solid concentration by weight: concentración de sólidos en peso.

solid rock: roca firme.

solvent extraction (SX), solute: es un solvente soluto disuelto, es la sustancia que se ha disuelto.

soluble: soluble.

solution mining: extracción por disolución.

sonic depth finder: sonda acústica, detector sónico indicador de altura de mineral en tolva.

sort by hand: seleccionar a mano.

sort by refraction: seleccionar por refractividad.

sound rock: roca sana, roca competente.

sound wave: onda sonora.

spacer: espaciador.

spacing: espaciamiento, distancia entre dos tiros de una corrida o parada.

spalling: desprendimiento (superficie de la roca).

spear: lanza.

spec sheet: hoja de especificación, información detallada de un producto inicio pruebas, olor, peso específico, tensión bacterial, otros principales ingredientes, etc.

specimen: espécimen.

speed restriction: limitación de velocidad.

speiss: speiss (mezcla de areseniuros y antimoniuros en el proceso piro metalúrgico).

sphalerite: esfalerita, mineral de zinc.

spile: perno marchavante, perno pre anclaje, estaca de avance, perno de fierro con resalte ubicado con función de fortificación adelantada, que posteriormente será complementada con revestimiento de soporte.

spin: desviación curvada, cambio en espiral de la dirección del trazado, perfil de perforación.

spiral ramp: rampa espiral, rampa de caracol.

spitting: desconchamiento de roca, taconeo, es el fenómeno de desprendimiento y/o proyección repentina de lajas de las superficies de las rocas. Éste se presenta a menudo en rocas duras y quebradizas en minas profundas.

split set: perno de fricción, bulón split set, tipo de perno que trabaja a la fricción con las paredes de la roca, con una ranura longitudinal, de diámetro algo mayor que la perforación donde se introducirá. Normalmente, se utiliza como soporte temporal o provisorio.

splitter: partidor de muestras.

spoil box: depósito de ripios.

spontaneous combustión: combustión espontánea, es una propiedad que tiene el mineral recién puesto al descubierto de absorber una determinada cantidad de oxígeno al aire y reaccionar químicamente con éste.

spontaneous ignition: ignición espontánea.

spot bolting: bulonaje selectivo, empernado esporádico o puntual para sujeción de bloques o zonas eventuales de debilidad.

spot cooling: enfriamiento localizado.

sprag: puntual, separador.

spray bar: barra rociadora.

spray the muckpile: rociar montón con agua.

springing: cuarteamiento, ensanchamiento del fondo de taladro por voladura.

springline: arranque, el punto donde la parte curvada (techo) confluye con las paredes del túnel.

squeezing ground: terreno fluyente, terreno deformable, terrenos que se comportan plásticamente bajo esfuerzo y tienden a cerrar la cavidad excavada (estrechamiento).

stability factor: factor de estabilidad.

stability graph: perfil de estabilidad, véase Q.

stabilization: estabilización.

stabilizer: estabilizador, accesorio de perforación.

stable: estable.

stack, stack up: apilar, hacinar.

stacker system: sistema de apilamiento (lixiviación).

stage: plataforma, andamio colgante, horca colgante.

stage grouting: inyección lechada por etapas.

stage winche: cabría o cabrestante para bajar el andamio colgante (plataforma) en pique, pozo, etc.

stainless: inoxidable.

stainless steel: acero inoxidable.

stake: estaca, poste.

stake (to) a claim: presentar reclamación, demarcar y registrar una nueva pertenencia; replantear una concesión minera deseada a fin de presentarla.

stand - by generator: generadora eléctrica de reserva.

stand - by, standby equipment: planta de reserva.

standard gage, gauge: trocha normal; entrevista normal; entrevía normal, ancho tipo.

standup time: tiempos de estabilidad, lapso de tiempo entre la excavación de un tramo de túnel y el inicio de una apreciable deformación e inestabilidad sobre el mismo que le hace potencialmente peligroso. Tiempo útil para la colocación de bulones y sostenimientos. Véase relaxation.

state of the art technique: tecnología al día, tecnología de punta, tecnología avanzada.

steel forms: encofrado metálico.

steel - lined: revestido de acero.

steel rings for orepass lining: anillos de acero para revestimiento de piques de traspaso.

steel puller: arranca sondas.

steel section: perfil de acero.

steel set: marco de acero, marco metálico, cercha de acero, elemento de fortificación soportante con piezas de fierro o acero. Existen sistemas rígidos (perfil viga H o I) y cedentes o deslizantes (marcos perfil TH).

steel - toed boots: puntas con punta de hierro.

stemming: taco, retacado, material inerte como arenas, plástico u otro material utilizado para el relleno de los barrenos, posteriormente al carguío de la columna explosiva.

stench gas: gas mercaptán, una "advertencia" con olor a huevo podrido (mercaptán o un compuesto similar a base de sulfuro), que puede ser detectado fácilmente por la mayoría de las personas en minas subterráneas.

stepout: banco de ancho mayor para continuar explotando hacia abajo, bajo la ocurrencia de una falla de banco o entre rampa.

sterile, waste to mineral ratio: razón estéril a mineral.

stibnite: antimonita, sulfuro de antimonio (Sb_2S_3).

stick of dynamite: cartucho de dinamita.

stick of poder: cartucho explosivo, cartucho.

stochastical processes: procesos estocásticos es un concepto matemático que sirve para usar magnitudes aleatorias que varían con el tiempo o para caracterizar una sucesión de **variables aleatorias (estocásticas)** que evolucionan en función de otra variable, generalmente el tiempo.

stockpile: montonera, reservas, montón de acopio, montón de almacenamiento.

stockwork: vetilleo polidireccional en roca mineralizada. Estas pueden ser de cuarzo, calcita o arcilla. En pórfidos de cobre se presenta mineralización de cobre de baja ley.

stone dust: polvillo incombustible.

stope: escalón, realce, cámara, grada, destroza, tajo de arranque, caserón.

stope preps: preparación de cámaras, tajeos, etc.

stoper, stoper drill: martillo para realce, perforadora para hoyos verticales.

stoper drilling: perforación vertical.

stoping sequence: esquema de las operaciones unitarias.

storage facilities: instalaciones de almacenamiento.

storage yard: patio de reserva.

strain: deformación específica.

strainmeter: extensómetro

strand of wire: cordón de alambre.

strapping: soporte con barras planas.

strata: estratos, capas o lechos diferenciados de material sedimentario.

stratification: estratificación.

streak: huella.

streak plate: placa de huellas.

stress: esfuerzo, tensión.

stress control: control de esfuerzos.

stress distribution: distribución de los esfuerzos.

stress field: campo de esfuerzos.

stress relief: alivio de esfuerzos, relajamiento del esfuerzo.

strike: rumbo, azimut en vista planta de una veta referenciada del norte verdadero.

strip mine: hullera a tajo abierto (carbón).

strip overburden: extraer sobrecarga.

stripping: depuración, separación.

stripping material: material de desmonte o estéril.

stripping ratio: razón estéril/mineral (E/M).

structure: discontinuidad, características mayores de una masa rocosa (falla, diaclasa, dique, juntura, etc.

stull: estemple.

subcollar: piso de sótano.

subdrift: subgalería, galería secundaria.

sublevel: subnivel, entrepiso.

sublevel caving: método de hundimiento de subniveles, derrumbamiento de subnivel, se extrae mineral a través de subniveles que se desarrollan en el yacimiento con separaciones verticales regulares, el muro colgante se fracturará y colapsará, para seguir el hundimiento.

sublevel drift: galería subnivel.

sublevel retreat: extracción en retirada, es como un sublevel caving a un solo nivel, haciendo un slot inicialmente.

sublevel stoping: método de excavación por subniveles, laboreo de subniveles.

subsidence: subsidencia, la subsidencia es el desplazamiento hacia debajo de un terreno por encima de una mina subterránea.

sulfide, sulphide: sulfuro, mineral sulfuroso.

sulfur oxides: óxidos de azufre (SOx).

sump pump: bomba de sumidero, bomba de sentina.

superficial gas velocity: velocidad superficial de gas.

supergene enrichment: enriquecimiento supergénico, proceso de extracción, mineral de tipo secundario que consiste en la redepositación de minerales de un depósito mineral, que han sido removidos de la zona de lixiviación por soluciones acuosas y gaseosas.

superstructure: superestructura, estructura superior, toda la estructura por encima de cualquier nivel de referencia.

supply boat: barco de abastecimiento.

surface tensión: tensión superficial, es la fuerza de contracción superficial de un líquido por la cual tiende a adoptar una forma esférica y presentar la menor superficie posible.

surface water: agua superficial.

surveying: levantamiento topográfico.

sustanaible development: desarrollo sostenible, principio que implica el ejercicio de la actividad minera en concordancia con aspectos ambientales, de ordenación del territorio, de estabilidad económica y de responsabilidad social.

swede hoe: azadón, legón.

swede saw: sierra de arco.

swell factor: factor de hinchamiento, factor de esponjamiento, aumento del valor de una roca excavada respecto a la roca "in situ".

Swellex bolt: perno o bulón Swellex, tipo de perno que se expande por inyección de agua en su interior y actúa por fricción.

swelling ground: suelo hinchable.

swinger, swinger conveyor: transportador movible, correa transportadora reubicable.

switchbag: vía en zigzag.

SX (solvent extraction): extracción por solvente, SX, en el caso del cobre, se utiliza una resina orgánica diluida en un solvente orgánico (parafina), la cual se mezcla por agitación. La resina orgánica permite capturar el cobre en solución. La solución orgánica cargada es separada y llega en contacto con electrolito que tiene una alta acidez, lo cual provoca que la resina suele el cobre y se transfiera a la solución electrolítica, enviándose esta finalmente a la planta electro - obtención (EW).

SX - EW: extracción por solvente y electro - obtención.

syenite: sienita, roca plutónica de grano grueso, caracterizada por feldespato rosa y minerales oscuros (especialmente hornblenda).

syncline: sinclinal, pliegue de concavidad hacia arriba; lo contrario de 'anticlinal'.

systematic bolting: bulonaje sistemático. Véase pattern bolting.

Con t

taconite: taconita.

tagboard: tablón de etiquetas (para placas de identidad).

tags: bronces (para tablón de etiquetas).

tails, tailings: colas, relaves, deslave, relaves, colas, (ripios de lixiviación), derrubios, jales, arenillas, lavados de la minería; producto o residuo de trabajos anteriores en una planta de beneficiario.

tailings dam: represa para colas, tranque de relaves, presa para decantación de jales (desechos) de una mina.

tailings pond: embalse de colas, laguna de decantación, estanque decantador, embalse de relaves, estanque para colas, contiene el agua que se ha utilizado en el proceso de concentración de mineral y que se va limpiando.

tails: colas, producto o residuo de trabajos anteriores en una planta de beneficio.

tailings: relaves.

tailing disposal: tranque de relave, desechos.

take (to) a sample: sacar una muestra.

take (to) down back: rebanado, tajar el techo de la galería o del escalón. Véase backslash.

tamping: atacado, presionado.

tamping pole: varilla atacadora, atacador.

tamping stick: atacador. Véase loading stick.

tank house: nave de electro - obtención.

taper drill steel: barrena de punto achaflanado o cónico.

tapper: cribonero.

tare weight: taraje, peso muerto.

Taylor's law: regla de Taylor.

TBM (tunnel boarer machine): tuneladora, TOPO, TBM, equipo para excavación mecánica de túneles en roca.

telecommand: telecomando. Es la tecnología de manejo a distancia va desde sistemas remotos, en que se implementa una réplica a distancia de la cabina de la máquina real, hasta una verdadera simulación de todo el ambiente externo que un operador vive dentro de la faena.

temperature gradient: gradiente de temperatura. A medida que se profundiza en la corteza terrestre aumenta la temperatura de las rocas, suelo o mina subterránea.

temporary ground support: soporte temporal de terreno.

temporary support: soporte provisorio, revestimiento temporal.

tensor: tensor.

test drilling: normalmente se utiliza en relación a sondeos de investigación.

test pit: cata, excavación de ensayo.

test pits: apiques, cúbicos.

texas gate: parrilla de barras. Véase grizzli.

thermal coal: carbón térmico.

thermal gradient: gradiente térmico.

thickener: espesador, tanque o aparato utilizado para reducir la proporción de agua contenida en una pulpa, mediante sedimentación.

thickwall: fórmula de pared espesa.

thimble: guardacabo.

thinformula: fórmula de pared delgada.

third party maintenance: mantenimiento a terceros.

three - deck stage: plataforma de tres pisos.

three - shift operation: operación de tres turnos, servicio de tres jornadas, funcionamiento durante 24 horas diarias.

thoughput: flujo de alimentación a algún equipo de procesamiento de minerales.

throwaway bit: broca no reutilizable, broca desechable.

throwaway skip: skip descartable, cucharón de extracción que se construye ligero.

tie: durmiente, pieza de apoyo para rieles sobre el piso de una labor.

tie bar: tirante.

tieback: retenida, varilla sujeta a un muerto de anclaje, fundación rígida o anclaje en suelo o roca para impedir movimiento lateral.

tight: saliente (protuberancia): apretado, demasiado angosto.

tight formation: manto impermeable.

fight lining: encofrado, forro de maderas entre marcos.

till: depósito de transporte glaciar no estratificado, y sin seleccionar, que no ha sido retrabajado por las aguas del glaciar; incluye una mezcla heterogénea de arcilla, arena, grava y bloques. Incluye la arcilla con bloques.

timber: madera.

timber (to): enmaderar, fortificar con madera.

timber set: marco de entibación, portada.

timber shaft: pique entibado, pozo entibado, tiro entibado.

timbering: entibación.

time distributions: distribuciones de tiempo. Las aplicaciones de tiempos de residencia o distribuciones de tiempo de residencia se pueden encontrar en una amplia variedad de disciplinas que incluyen ciencias ambientales , ingeniería , química e hidrología .

tin: estaño.

tite: saliente (protuberancia). Véase tight.

toe: base de talud, culo, fondo de tiro anterior.

toe of slope: pie de talud, pata de banco.

tonnes per vertical meter, metre: toneladas por metro vertical.

tons per manshift: rendimiento en toneladas por turno.

tons per vertical foot: toneladas cortas por pie vertical.

tool crib: despensa, pañol para herramienta.

tons per manshift: rendimiento en toneladas por turno.

tool crib: despensa, pañol para herramientas.

tooling: maquinado, aperos.

top - down mining: método de extracción de arriba hacia abajo, extracción descendente.

top - hammer drill: barrena estándar, equipo para perforación con martillo en la barrena (en cabeza).

top hand: gambusino, perito. Véase skilled miner.

top hat guide section: perfil sombrero, sección estructural.

top heading: galería de avance superior.

topaz: topacio, mineral constituido por silicato fluorado de alúmina ($Al_2SiO_4(OH, F)_2$).

torque limiting device: dispositivo de protección contra sobrepar motor.

toughness: tenacidad.

toxic gas: gas tóxico.

toxic substance: material tóxico.

trace: pizca, vestigio de mineral.

trace fossil: fósil indicador.

trace mineral: mineral indicador.

track bolt: perno para eclisa.

track gage, gauge: trocha, cuando se habla de locomotoras y trenes se refiere al ancho de la vía entre rieles.

track mine: mina con carriles, (extracción tradicional).

tracks: orugas. Véase crawler tread.

trackless equipment: equipo sobre ruedas, equipo trackless.

trackless mine: mina sin carriles, mina de chimenea y rampa, mina trackless.

traffic: circulación, tráfico.

traffic assignment program: programa de asignación de tráfico.

traffic simulation: simulación de tráfico.

tramming: transporte subterráneo, principalmente por ferrocarril.

tramp miner: vagabundo profesional, un minero que ha trabajado en muchas minas.

tramway: tranvía de cable aéreo.

transfer car: carro de traslación.

transfer gate: puerta de transbordo.

transition depth: profundidad de transición.

transport engineering: ingeniería de transporte.

trap: trapa, véase traprock.

trapdoor: escotillón, trampa.

traprock: roca trapeana, trapa, cualquiera de las rocas ígneas de gran fino, densas y de color oscuro, tal como basalto o dolerita.

trench: foso, zanja.

trend: dirección.

trip recorder: registrador de carrera izador.

trip time: ciclo de ida y vuelta de huinche.

triple deck cage: jaula de tres pisos.

trolley assist: auxilio de trolley, fuerza motriz reforzada por trolley.

trona: sosa comercial, ceniza de soda, carbonato sódico anhidro. Véase soda ash.

truck train: convoy remolcado, tren de unos remolques tirados por tractor de camión.

true bearing: marcación real.

trunnion drive: impulsión por muñón, transmisión por gorrón.

TSM (towards sustanaible mining): hacia la minería sostenible.

tubbing: entubación, encubado.

tube mil: molino tubular.

tugger hoist: huinche o winche neumático, malacate portátil, cabrestante, donqui, pequeño malacate (torno chico).

tunnel lining: revestimiento, encachado, blindaje.

turbo - drilling: turboperforación.

turntable: placa giratoria, tornavía, tornamesa, cambiavía.

turquoise: turquesa, piedra preciosa.

twist type blasting machine: estalladora de vuelta, máquina detonadora.

Con u

U bolt: perno en U.

UCS (unconfined compressive strength): resistencia a la compresión simple.

ultimate pit: pit final.

ultrabasic tock: roca ultrabásica.

ultrafine cement: cemento ultrafino, cemento superfino (para inyección).

ultramafic rock: roca ultramáfica.

umpire assay: ensayo por árbitro.

unbalanced hoisting: izaje desequilibrado.

unbalanced tender: propuesta u oferta desequilibrada (front - end load).

uncertainty: incertidumbre, precisión de las estimaciones.

unconfined compressive strength (UCS): resistencia a la compresión uniaxial.

unconformity: discordancia.

undercut: socava, regadura, corte abajo del bloque.

undercut drift: galería inferior.

undercutting: regadora.

underflow: corriente por debajo, gruesas (ciclón).

underground mines: son las minas cuya explotación se realiza bajo tierra.

underground crusher station: planta de chancado subterráneo.

underground haulage: arrastre o transporte subterráneo.

underground mining: extracción subterránea.

underground pump station: puesto de bombeo subterráneo.

undergroud shop facilities: puesto de taller subterráneo.

underground workings: obras subterráneas.

underhand cut and fill: minería por corte y relleno descendente.

underhand stope: escalón de banco, grada derecha, rebaje descendente.

underhand stoping: zanjeo. Véase stope.

underlying: subyacente.

undersize: submedida, subtamaño.

underwind: sobrecarrera por debajo, acción de sobrepasar el fin de carrera (huinche, malacate, etc.).

unit train: tren de la unidad.

unstable ground: terreno inestable.

unsupported ground: laboreo sin soporte.

unsupported length: largo sin apoyo.

unsupported span: anchura de galería o cámara sin soporte.

unwedge theory: teoría de eliminar cuñas.

upcast: hacia arriba (ventilación).

uppers: perforación ascendente.

upstream: construcción aguas arriba.

upright: apoyo, aposte.

uranium: uranio.

utility vehicle: vehículo utilitario, vehículo de uso general.

utilization rate: tasa de utilización.

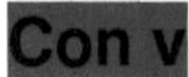

Con v

vacuum filter: filtro de vacío.

value at risk: valor en riesgo.

vane axial fan: ventilador axial de paletas.

variability of the grade: variabilidad de la ley que se produce en los límites del cuerpo mineralizado y que influye en la dilución en minería subterránea.

variable - pitch vent fan: ventilador con álabe de admisión de paso variable.

variant advanced undercutting: variante con hundimiento avanzado, en el método panel caving. En éste se construyen sólo algunos desarrollos y construcciones, antes de iniciar el hundimiento.

vat: cuba, tanque.

vat leaching: lixiviación en cuba o estanque.

VCR (vertical cráter retreat): método de explotación por gradas o cráteres invertidos. Se basa en que la carga de explosivos es concentrada en forma "esférica", en barrenos de gran tamaño (6 ½"), lo cual produce aberturas con forma de cráter (teoría de Livingstone).

V - cut: corte de cuña, cuel en cuña, ranura en V.

vehicle routing simulation, VRS: simulación de ruteo vehicular.

vein: veta, se trata de un agrietamiento mineralizado, según plano definido con inclinación superior a 45° respecto a la horizontal.

veinlet: vetilla.

velocity head: carga dinámica (ventilación), altura cinética (agua), presión debida a la velocidad.

velocity killer: bota, freno medidor de potencia en pique. (bajo tubería de concreto).

vent: ventilación.

ventilation circuit, vent circuit: circuito de ventilación, conjunto de aberturas mineras y ductos que, conectados a varios ventiladores u otra fuente capaz de generar una diferencia de presión y a eventuales dispositivos de control, constituyen un sistema de ventilación minera.

ventilation duct: conducto de ventilación, canal de ventilación.

ventilation shaft: chimenea de ventilación.

ventilation schematic: diagrama esquemático de ventilación, croquis indicando la red o circuito de ventilación.

ventilation network: red de ventilación, modelo de circuito de ventilación, conjunto de galerías y ductos que constituyen un sistema teórico de ventilación minera.

vertical temperatura gradient: gradiente térmica vertical.

verticality: verticalidad.

vibrating screen: criba vibratoria, zaranda vibratoria.

vibrating grizzly: pique, harnero o cribón vibratorio.

vibrating table: mesa vibratoria.

violent pumping: bombeo, liberación súbita de mineral en estado de barro que sale de forma incontrolada, de una buitra o zanja con resultados impredecibles para instalaciones y vidas humanas. Véase mud rush.

viscoelasticity: viscoelasticidad.

viscosity: viscosidad, es la resistencia o esfuerzo cortante de los fluidos (líquidos y gases), tales esfuerzos se miden con la ley de Newton sobre la viscosidad para fluidos newtonianos y con leyes como la teoría cinética de los gases para los fluidos no newtonianos.

visible gold (VG): oro visible.

VOD: velocidad de detonación, es la propiedad más importante de los explosivos.

volcanic complex: complejo volcánico, complejo que se caracteriza por la presencia de rocas volcánicas extrusivas, intrusiones relacionadas y productos de meteorización.

volcanic rock: roca volcánica.

volcanic tuff: toba volcánica.

VRT (virgin rock temperature): temperatura virgen del macizo rocoso, temperatura natural de la roca subterránea.

vug: cavidad, hueco, drusa.

Con w

W section (wide flange section): perfil w, sección de una viga estructural como soporte de grandes galerías o intersecciones de estas.

waiting time: tiempo de espera dentro de una mina.

walker, walker boss: ayudante de superintendente, jefe de sección mina.

wall: pared, muro, hastial.

wall plate: larguero, corrida de pared.

wall rock, rocks: caja, roca caja, roca encajante, macizo rocoso suprayacente al filón o veta, paredes laterales de una labor minera o roca encajadora que limita una veta, véase country rock.

wall slash: corte lateral.

walling: revestimiento, véase concrete shaft walling.

wander: desviación, cambio de dirección del trazado (perfil) de perforación, con respecto al trazado previamente determinado.

warning sign: letrero de advertencia, letrero de seguridad, letrero de advertencia de peligro.

washer: planchuela para pernos de roca.

washing plant: lavadero de carbón.

waste: estéril, desmontes, desechos sólidos, material económicamente inútil que sale con la mena o en desarrollos mineros.

waste dump: botadero de estéril.

waste pass: coladero, paso entre niveles, pozo de desescombro, conducto de extracción, chimenea de paso, pique de traspaso de estéril.

water balance: balance hídrico, equilibrio de flujos de agua.

water basin: depósito de agua.

water content: contenido de agua, contenido acuoso.

water content: contenido de humedad, véase moisture content.

water hose: manguera de agua.

water pressure reducing valve; válvula reductora de presión del agua, válvula de reducción de presión del agua.

water ring: artesa, batea, cuneta colectora de agua en la pared de un pique, pozo, tiro, etc.

water table: nivel freático, napa freática, mesa de agua.

weathering: oreo, meteorización, intemperización, la alteración superficial de rocas y suelos sometidos a los agentes atmosféricos.

wedge: cuña, bloque que es delimitada por más de dos planos, tales como pirámides (mecánica de rocas).

wedge cappel: cappel de cuñas, casquillo terminal en el cual el cable se sostiene entre las cuñas afiliadas.

wedge failure: deslizamiento de cuña, falla tipo cuña.

wedge socket: casquillo acuñado.

wedge thimble: casquillo acuñado, casquillo terminal con cuñas que es hecho en forma de guardacabo.

wedging: apuntalado.

welded wire mesh: malla soldada.

welded permit: carnet de soldar, certificado de autorización temporal para uso del equipo de soldadura en lugar propenso a incendios.

wells: pozos de bombeo o pozos de control hidrogeológico.

wet mix shotcrete: hormigón proyectado por vía húmeda.

whalesback: planchón, manto de roca de gran tamaño semi - desprendida que puede caerse de golpe.

whipstock: guíabarrena, guíasondas, aparato para cambiar el trazado de perforación.

wind dispersión: dispersión eólica.

winder, winding engine: huinche, malacate, torno, máquina de extracción, véase hoist.

winder engine driver: tornero, huinchero.

winder house: cámara de extracción.

winche: huinche, cabrestante.

winze: pique ciego, tiro o pozo ciego, chiflón, balanza, tambor, labor vertical o inclinada que se profundiza desde un punto interno de una mina, véase internal shaft.

wire - braid air hose: manguera alambrada, manguera entorchada.

wire mesh: malla de alambre, malla metálica, especial para el shotcrete.

wire saw: sierra de alambre en canteras.

wireline diamond drilling: sondajes con cable.

WOB (weight on bit): peso sobre la broca.

wollastonite: wollastonita.

wood bulkhead: entablonado de contención.

wood lagging: revestimiento de madera.

work hardening: acritud, endurecimiento de trabajo, endurecimiento por uso.

work index: índice de trabajo. Véase Bond work index.

worked - out mine: borrasca, mina explotada por completo.

working face: frente de laboreo, frente de ataque.

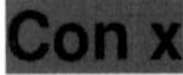

x - cut, véase crosscut: galería transversal, galería de tráfico y vaciado de palas LHD.

xenolith: xenolito, inclusión en una roca ígnea de un tipo de roca no relacionado, derivado de la roca caja o transportado desde zonas profundas.

x - ray spectrometry: espectrografía de rayos x.

x - section, véase cross section: vista en perfil, corte transversal, perfil transversal, sección transversal.

Con y

yard boss: capataz de patio.

yard foreman: canchero.

yellowcake: concentrado ya secado de pechblenda (mineral uranífero).

yield: rendimiento.

yielding support: revestimiento flexible.

Young's modulus: módulo de Young o de elasticidad.

Con z

zero delay: retardo cero.

zinc: cinc, zinc.

zircon: circón, silicato de circonio ($ZrSiO_4$). Este mineral aparece como un componente primario de las rocas ígneas, especialmente de las más ácidas. Por ej. el granito.

zone: zona, unidad litoestratigráfica informal que pueden incluir a la vez una capa, un miembro, una formación y un grupo, o parte de estos.

zone ventilation: ventilación por zonas.

ANEXO

Softwares de Planificación Minera y Metalurgia.

Incremento de recursos mineros

Vulcan - Maptek

Gemcom GEMS - SURPAC

Minesight - Mintec

Gis - Soports

Acquire - Mintec

ThreeDify

Diseño Minero y Desarrollo

Vulcan - Maptek

GEOVIA GEMS - SURPAC

Minesight - Mintec

Datamine

Mine 2 - 4D

ThreeDify

AUTOCAD - AUTOCAD 3D

Ventilación

VentSim

Software SRK

VNET

Minefire

ClimSiM

DuctSiM

VUMA

<u>Geomecánica</u>

FLAC 2D/FLAC 3D

UDEC

PHASE 2

DIPS

SWEDGE

PWEDGE

UNWEDGE

ROCPLANE

ROCFALL

ROCDATA

<u>Planificación geo - minera - metalúrgica</u>

Vulcan - Maptek

GEOVIA GEMS SURPAC - MINESCHEDULE - PCBC - PCSLC - Whittle

Minesight - Mintec

DataMineStudio

Mine 2 - 4D

ThreeDify

Micromine

Block Cave (NCL)

<u>Extracción</u>

Interflow Dispatch

MM Aguila

<u>Procesamiento</u>

Mincom PI

OsISoft

Mis AG

Elipse

Balley

Bart

Knowledge Scape

DCS - Abb

KS PI